相约老年健康
科 普 丛 书

老年人日常安全小知识

相约老年健康科普丛书

北京老年医院
组织编写

主　编　杨颖娜
副主编　刘向国　高茂龙
编　者（按姓氏笔画排序）
于冬梅　北京老年医院
马宗娟　北京老年医院
王　烨　北京老年医院
王治国　北京老年医院
刘向国　北京协和医学院
李东祥　北京老年医院
李金辉　北京老年医院
李影影　北京老年医院
杨颖娜　北京老年医院
宋　暖　北京老年医院
张志伟　北京老年医院
张爱军　北京老年医院
赵玉荣　北京老年医院
高茂龙　北京老年医院
主　审　郑　曦

人民卫生出版社
·北　京·

相约老年健康
科普丛书

编写委员会

顾　　问　潘苏彦

总 主 编　禹　震

副总主编　宋岳涛　郑　曦　马　毅

编　　委　李方玲　陈雪丽　李长青

　　　　　吕继辉　杨颖娜　李　翔

序一

截至 2022 年底，我国 60 岁及以上老年人口达 2.8 亿，占总人口的 19.8%；65 岁及以上老年人口近 2.1 亿，占总人口的 14.9%。“十四五”期间，60 岁及以上老年人口预计超过 3 亿，占比将超过 20%，我国将进入中度老龄化社会。预计到 2035 年左右，60 岁及以上老年人口将突破 4 亿，占比将超过 30%，我国将进入重度老龄化社会。中国不仅是人口大国，还是世界老年人口大国。老人安则家庭安，家庭安则社会安，面对快速发展的人口老龄化形势，面对世界绝无仅有的老年人口规模，如何走出一条有中国特色的应对人口老龄化之路，实现及时、综合、科学应对，是摆在党和政府及全体中国人面前的一个重要课题。

党的十九届五中全会明确提出“实施积极应对人口老龄化国家战略”，这是以习近平同志为核心的党中央在我国进入新发展阶段、开启社会主义现代化国家建设新征程之际作出的重大判断，是从党和国家事业发展全局出发作出的重大部署。2021 年重阳节前夕，习近平总书记对老龄工作作出重要指示，强调贯彻落实积极应对人口老龄化国家战略，把积极老龄观、健康老龄化理念融入经济社会发展全过程。党的二十大报告中提出“推进健康中国建设”“把保障人民健康放在优先发展的战略位置”和“实施积极应对人口老龄化国家战略”。推进实现健康老龄化是民之所需、国之所愿的大好事，是新时代我国最主动、最经济有效、最可持续、最符合国情的应对人口老龄化的方式和举措，也最能体现人民至上、生命至上的宗旨。

为把健康老龄化落到实处，实现“生得要优、养得要壮、活得要好、老得要慢、病得要晚、走得要安”的目标，北京市积极构建以健康教育、预防保健、疾病诊治、康复护理、长期照护、安宁疗护为主要内容的综合连续、覆盖城乡、就近就便的老年健康服务体系和“预防、治疗、照护”三位一体的老年健康服务模式。北京老年医院作为全国著名的以老年健康服务为特色的三级医院，积极参与国家及北京市健康老龄化研究和项目的推进，同时还承担了北京市老年健康和医养结合服务指导中心的工作，统筹推进全市健康老龄化的实施，老年友善医疗机构建设等多项成果被国家卫生健康委员会上升为国家政策在全国推广，为全市和全国健康老龄化的实施作出了贡献。

常言道，最好的医生是自己，最好的医院是厨房，最好的药物是食物。每个人是自己健康的第一责任人，在维护自身健康的过程中，个人和家庭的生活方式发挥着关键性的主导作用。北京老年医院组织编写的《相约老年健康科普丛书》共6个分册，是专门写给老年朋友的科普著作，非常实用。本套丛书语言流畅，图文并茂，内容深入浅出，真正道出老年健康的真谛。民以食为天，《老年人吃出健康好身体》分册讲出了饮食健康在老年人维护自身健康中发挥着最基础、最重要的作用，只有合理膳食，保持营养平衡，才能保障人体各组织结构的稳定、新陈代谢作用的发挥和各种功能的高效协同。生命在于运动，《老年人运动健康一本通》分册道出运动是开启老年人身心健康之门的“金钥匙”，愿老年人始终保持充沛的精力和持续的运动功能，生命不息，运动不止。睡眠是保持身心健康的良药，也是解决烦恼问题的法宝，更是提高认知能力的补品，《老年人睡出健康病不扰》分册指明了睡眠在保障老年人健康方面的关键作用，人生约有1/3的时光是在睡眠中度过的，良好的睡眠为我们送来健康的身体、清醒的头脑、快乐的心情、平静的心态、良好的记忆、美丽的容颜、幸福的生活和精彩的世界。精神健康是保障人体身心健康的重要基石之一，《老年人精神健康小处方》分册送给老年人保持心情舒畅、排解忧愁、解除烦恼、远离焦虑、免除抑郁、避免失智、永葆认知的秘诀。做好安全防范，防微杜渐，可以免除日常生活中的许多麻烦，《老年人日常安全小知识》分册教给老年人如何防范居家生活中的用电、用气、用火和被盗风险，如何保障起居安全、出行安全、饮食安全、用药安全和财产安全等，小心驶得万年船，对于老年人更加适用。自身的健康命运掌握在自己手中，《老年人小病小痛小对策》分册为老年人送去了祛病强身、解除病痛的许多小策略、小妙招，达到疾病早预防、早发现、早诊断、早治疗、早康复之目的，起到事半功倍的作用。

聚沙成塔、集腋成裘，一件件看似每日都在重复的小事，构成了保障老年人乐享晚年健康生活、提高生命质量的一块块基石。本套丛书贴近老年人的生活，针对老年人的需求，真正体现了以老年人的健康为中心，相信本套丛书会给老年人维护自身健康指点迷津、传经送宝，为老年人答疑解惑，成为老年人生活中的良师益友。

最后，愿北京老年医院在积极应对人口老龄化的国家战略中发挥更大更重要的作用，百尺竿头更进一步！在此，向本丛书的所有参与者、支持者表示敬意和感谢！

王小娥

北京市卫生健康委员会党委委员

北京市老龄工作委员会办公室常务副主任

2023 年 3 月

二

党的十九届五中全会明确提出“实施积极应对人口老龄化国家战略”。《健康中国行动（2019—2030 年）》的“老年健康促进行动”中指出：“我国老年人整体健康状况不容乐观……患有一种及以上慢性病的比例高达 75%。失能、部分失能老年人约 4 000 万。开展老年健康促进行动，对于提高老年人的健康水平、改善老年人生活质量、实现健康老龄化具有重要意义。”老年人应改善营养状况、加强体育锻炼、参加定期体检、做好慢性病管理、促进精神健康、注意安全用药和家庭支持。为了更好地推进“老年健康促进行动”，北京老年医院组织编写《相约老年健康科普丛书》，共 6 册，分别从老年人的营养健康、运动健康、睡眠健康、精神健康、日常安全和慢性病防控等方面给予指导，目的是让老年人提高自身的健康素养，提升主动健康的能力和水平，达到强身健体、延年益寿、享有高品质生活之目的。

没有老年健康，就没有全民健康。老年人是一个特殊群体，随着年龄逐渐增长，会出现身体结构老化、功能退化、多病共存、多重用药、认知下降、心境不佳、适应不良、地位弱化、脆性增加和风险增大等一系列表现，且生理性衰老、心理性衰老和社会性衰老会越来越突出。维护好老年人的健康，实质上是一项复杂且系统的工程，要做好这一工程，最重要也是最经济的措施之一就是做好老年人的健康教育和预防保健工作。如何才能保障老年人的健康？就老年人个体而言，应坚持不懈地学习和掌握老年健康的相关知识和基本技能，在日常的生活中真正做到合理膳食、戒烟限酒、适量运动和心理平衡；就老年人家庭而言，应为老年人创建膳食平衡的饮食环境、便于出行的生活环境、舒适安全的居住环境和心情舒畅的文化环境；就老年医疗卫生机构而言，应为老年人创建涵盖健康促进、预防保健、慢性病防控、急性疾病医疗、中期照护、长期照护和安宁疗护等综合连续的老年健康服务；就国家而言，应为老年人创建老有所养、老有所医、老有所学、老有所为、老有所乐的社会环境。只有充分动员全社会的力量，才能将老年健康促进行动落到实处，才能真正实现健康老龄化的伟大战略目标。

北京老年医院是全国老年医院联盟的理事长单位，是老年友善医疗机构建设的发起者，是全国老年健康服务体系建设的龙头单位，也是北京市老年健康与医养结合服务指导中心和北京市中西医结合老年病学研究所的所在机构。北京老年医院人始终坚持促进老年健康、增进老年福祉的责任担当和使命，先后主持编写《健康大百科——老年篇》《健康大百科——老年常见健康问题篇》和《权威专家解读科学就医系列——老年人就医指导》等科普著作，深受读者的好评，愿本套《相约老年健康科普丛书》更能成为老年人的良师益友，引导老年人始终拥抱健康、享受健康。

本套丛书的编写，得到了北京市卫生健康委员会、北京市医院管理中心、北京市老龄工作委员会办公室的大力支持，得益于全市多家医疗机构科普专家的通力合作，在此一并致以最诚挚的谢意！

由于编写时间仓促和编写者水平有限，书中难免存在缺点和错误，愿老年读者朋友们不吝赐教。

禹　震

北京老年医院院长

2023 年 3 月

老年人

日常安全小知识

前言

党的二十大报告提出，实施积极应对人口老龄化国家战略，发展养老事业和养老产业，优化孤寡老人服务，推动实现全体老年人享有基本养老服务。《“十四五”国家老龄事业发展和养老服务体系规划》明确把积极老龄观、健康老龄化理念融入经济社会发展全过程，在老有所养、老有所医、老有所学、老有所为、老有所乐上不断取得新进展。让老年人有一个幸福美满的晚年，成为各级党委和政府的重要责任。

老年人在享受国家政策和社会服务的同时，要意识到自己是自身幸福的第一责任人。随着年龄的增长，身体各方面的功能都在慢慢退化，免疫力逐渐降低，各种疾病随之而来，各种社会问题也摆在面前。因此，老年人要客观地看待这些变化，积极主动地掌握居家安全、健康生活方式等方面的知识，以此来保障晚年生活的安全、健康。

为了使老年人充分认识在日常安全方面面临的问题，本书按照从内到外、由近及远的顺序，采用一问一答的形式，详细列举了老年人经常遇到的安全问题，涵盖老年人的居家安全、起居安全、出行安全、饮食安全、用药安全、财产安全和社会适应与权益保障七个方面。这些问题与老年人的生活质量息息相关，对老年人的晚年生活都有至关重要的影响。

杨颖娜

2023 年 3 月

老年人

日常安全小知识

目录

一、居家安全

四、饮食安全

五、用药安全

六、财产安全

一、居家安全

（一）防火安全知识

1. 居家防火注意事项有哪些

老年人因行动缓慢、安全意识不强，避险能力弱，在火灾发生时，更容易发生死伤，成为火灾受害主要人群。因此，提高老年人的安全防火意识显得尤为重要。做好居家防火工作，下面这些小事一定要做到。

（1）**定期排查火灾隐患**：及时清理房间内的可燃、易燃物，外出前要关闭电源开关、煤气阀门。定期检查家中电器，如发现破皮、老化，要及时维修更换。不同时使用大功率电器，不私拉、乱接电线，不使用老化或劣质插线板。

（2）**杜绝卧床吸烟的行为**：不卧床吸烟、乱扔烟蒂。老年人随着年龄的增长身体功能变差，行动迟缓，反应变慢，自防自救能力较弱，发生火灾后很难成功逃脱。

（3）**减少或避免在家中祭祀**：有的老年人喜欢在家中设佛堂和香炉进行祭祀，祭祀结束应将烟火熄灭，切勿在香火周边存放可燃物品。尽量还是不要在家进行烧香拜佛等祭祀活动。

（4）**及时更换家中废旧电器**：老年人习惯节俭持家，电器往往超期服役。电器在发生老化或故障后如不能及时更换，极易成为火灾隐患。

（5）**提高安全用电意识**：规范使用电动自行车，严禁在疏散通道、电梯厅、安全出口等室内空间停放电动自行车和给电动自行车充电。禁止占用消防通道，定期更换老旧电池及配件，不使用不合格的电池和配件。

（6）**掌握基本自防自救技能**：家中常备灭火器、灭火毯等消防器材，了解防火、用电等注意事项，提高火灾防范意识；掌握基本的救火逃生自救技能，火灾发生后应立即自救逃生，不贪恋财物，及时拨打 119 报警。

2. 如何正确选用灭火器

随着生活水平的提高，居民家中用火、用电、用燃气的需求日益增多，家庭火灾发生率也逐年增加。大多数火灾都是扑救不及时造成的，这和家庭灭火器普及率低有很大关系。家庭防火不仅要关注如何安全用火，也要关注如何灭火。就家庭火灾来讲，火灾初期都是小火，无论是电气火灾还是厨房火灾，从初期小火到形成大火只需 3~5 分钟，如果家中备有灭火器并能掌握操作方法，可将初起小火及时扑灭，即使火势已大，也能为灭火救援争取时间。

家用灭火器可以有效扑灭初期火灾，防止火势蔓延，降低火灾造成的损失。那怎么选择家用灭火器呢？各类灭火器都有自己的优点和缺点，不同类型的灭火器可以扑灭相关类型的火灾，应根据实际情况选择。比如，水是最常见也最好用的灭火剂，但并不适用于带电火灾的扑救。

灭火器常见种类有以下几类。

（1）**干粉灭火器**：最常见的灭火器，使用方便，适用范围广。可以灭固体火灾、液体火灾、气体火灾和带电火灾，也勉强可以灭烹饪火灾。缺点是干粉影响视线，污染家具，后期不易清理。

（2）**二氧化碳灭火器**：可以扑救液体火灾、气体火灾和带电火灾，优点是对环境不造成污染，缺点是需要掌握使用技巧，操作不当容易造成窒息或冻伤，不建议家庭使用。

（3）**水基灭火器**：分为可灭带电火和不可灭带电火两类，可灭固体火灾、液体火灾，不能灭气体及金属火灾。优点是灭火效果比干粉灭火器好，对家具污染小。

如果考虑经济效益，花小钱办大事，只想在家里配备一种灭火器，建议配备干粉灭火器。干粉灭火器适用范围广，购置价格低，发生火灾时直接使用就可灭火。

如果单纯考虑灭火效果，可以同时配备干粉灭火器和水基灭火器。发生火灾时先用水基灭火器灭火，如能有效灭火，对环境没有污染。如不能有效控制火势，立即使用干粉灭火器。需要提示一点：选择水基灭火器应购买可灭电火的。

3. 家中应该常备哪些消防器材

近年来全国发生的火灾中，家庭火灾占火灾总数的1/3以上，家庭火灾伤亡人数占火灾伤亡人数的70%以上。遇到火灾，除了等待消防部门灭火救援外，每个人都应掌握正确的方法开展逃生自救。几乎所有造成严重损失的家庭火灾，都是由初期火灾扑救不及时造成的。发生火灾后的3~5分钟是灭火的黄金时间，一个灭火器就能有效阻碍火势蔓延，为消防部门灭火赢得时间。

消防器材是一种平时不被人重视，应急时能大显身手的物品。尤其是在高楼大厦林立，室内装修大量使用木材、织物等可燃易燃物的情况下，一旦发生火灾，如身边没有消防器材，极易造成重大伤亡。

一般家庭应配备怎样的消防器材呢？

（1）**手提式灭火器**：它是最常见、最有效的灭火工具，将灭火器放置在家中便于取用的地方，便于应急情况下取用。同时，应将灭火器放置于干燥的地方，防止水浸受潮生锈。需要注意的是灭火器都有保质期，要经常检查灭火器是否在保质期内。

（2）**灭火毯**：主要用于扑灭初期火灾、油锅起火，和在火灾逃生过程中覆盖身体表面，可存放在抽屉里或挂在墙壁等便于拿取的地方。

（3）**防毒（烟）面罩**：火灾发生时，会产生大量有毒有害气体，防毒（烟）面罩可以阻止有毒气体侵入呼吸道，在逃生自救过程中佩戴防毒（烟）面罩可以大幅增加生存概率。

（4）**逃生绳索**：当火灾现场火势增大危及生命时，逃生绳索可供人随绳索从高处缓慢下降。需要注意的是，一定要根据楼层高度选择适合的逃生绳索。

（5）**强光手电**：可用于火灾现场浓烟环境下及夜间黑暗环境下人员疏散照明。如条件许可尽量选择带声光报警功能的强光手电，可发出声光呼救信号，增加被救概率。需要注意的是，应定期给手电充电，保证电量充足。

4. 如何正确使用大功率取暖电器

在北方，人们冬季为了抵御严寒，对于取暖电器的需求越来越大。每年都有取暖电器使用不当引起的火灾、触电事故。因此，有必要掌握取暖电器的安全使用方法。

市场上的取暖电器种类繁多，常见的有电暖气、浴霸、电热毯、暖手宝等。由于取暖电器的生产技术要求较低，市场上销售的产品质量参差不齐，因此，一定要通过正规渠道购买质量有保障的产品，尽量选择具有温度保护、自动断电等功能的安全系数高的产品。

取暖电器具有使用功率大的特点，要严格按照说明书使用，尽量保证一个插座上只接一个插头，避免几个电器合用一个插座。如超过了插座的额定功率，插座就会因电流过大而损毁，甚至有引发火灾的危险。

当人离开室内时，应断开电源开关，防止长时间使用导致电器过热，引燃周围物品发生意外。

在使用电暖气、电暖风时，不能在周围放置易燃物品，不要在上面烘晾衣物，避免长时间在潮湿处使用，预防发生触电或短路事故。

浴霸灯泡的使用寿命往往低于普通灯泡，应定期检查更换，使其与淋浴喷头保持安全距离，避免发生触电事故。

电热毯不能折叠使用，不能整夜通电使用，睡觉前应关闭电源。

暖手宝充电前要检查是否漏液，使用过程中尽量避免重压及与利器接触，以防液体漏出造成漏电。

取暖电器同样有使用年限，对于老旧电器应进行经常性检查，发现隐患及时更换，对于老化、损坏、劣质的取暖电器要立即更换，避免因存在侥幸心理引发安全事故。

5. 如何正确使用电热毯

电热毯可以在严寒中给人带来温暖，尤其是老年人，每到冬天都会受到寒冷的困扰，电热毯就成了御寒取暖的最佳选择。虽然电热毯可以保暖，但是电热毯的危害也需要重视，使用不当易对人身财产造成伤害。下面分享一下如何正确使用电热毯。

（1）使用电热毯之前，应详细阅读使用说明书，严格按照说明书操作。

（2）建议在硬板床上使用电热毯，因电热丝在受到伸拉或曲折后易变形或断裂，从而诱发事故，所以不建议在席梦思床、钢丝软床和沙发床上使用。

（3）严禁折叠使用电热毯，以免热量集中，升温过高，造成局部过热。使用电热毯不宜每天折叠，要经常检查电热毯是否有堆集、打褶现象，如有，应展平后再使用。

（4）使用时必须将电热毯平铺，放置在垫褥和床单之间，不要放在垫褥下，防止热量传递缓慢，造成局部温度过高而烧毁电器元件。

（5）电热毯不能与其他热源共同使用，如不能与热水袋、热水玻璃瓶等一起使用，不能在火炕上使用，以免加速电热毯绝缘层老化而缩短其使用寿命。

（6）不应整夜通电使用电热毯，睡觉前应关闭电源。

（7）婴儿及活动受限的老年人不要单独使用电热毯，使用时应有人陪伴。电热毯沾水受潮后，应晾干再使用。

（8）不能在电热毯上放置尖硬物，不能将电热毯放在突出金属物或其他尖硬物上，以免造成电热毯损坏。

（9）电热毯通电后，如遇突然停电，应断开电源，防止来电时无人看管而造成事故。

6. 如何守住厨房安全

看似简单的烧菜做饭过程，也存在着一定的危险。厨房是用火、用电比较集中的地方，发生火灾的可能性比较大，因此，老年人下厨做饭一定要注意安全，掌握燃气灶和常用厨房电器的正确使用方法，保证在安全范围内用火、用电，避免火灾发生，确保家人安全。为了避免厨房火灾发生，应该怎么做呢？

（1）**安全用火：**使用燃气灶时，必须有人看守，防止汤水沸溢将火熄灭，造成燃气泄漏，导致火灾或爆炸事故的发生。忘记及时关火有可能导致锅内油温度过高引起油锅着火，如扑救不当极易引发火灾。

（2）**安全使用天然气**

1）经常开窗通风，防止天然气和一氧化碳等气体聚积，引发事故。在家中闻到“燃气味”，这是燃气泄漏的表现，这时千万别慌，不要动明火也不要开关电器，迅速打开窗户，关掉入户燃气阀门，撤到屋外安全地点，报燃气公司进行维修。

2）经常检查天然气管道、燃气管道阀门、炉灶、热水器等，防止设备老化造成燃气泄漏。

3）避免在燃气灶周围放置抹布、纸张等易燃、可燃物品。

4）如果燃气灶连续三次打不着火，应暂停打火，等燃气消散后再重新打火。防止未燃烧的天然气瞬间聚积，遇到明火发生爆燃事故。

（3）**安全使用厨房电器**

1）定期清洁保养厨房电器，特别是油烟机、排风扇的油污更要及时清理，防止油垢长期堆积遇明火引发火情。

2）定期检查厨房电器线路，避免长时间在潮湿的环境下使用。保持电器工作环境的干燥，防止电器老化、漏电。

3）掌握厨房电器的正确使用方法，避免电器空转、空烧，避免同时使用大功率电器，造成电线过流过热，加速线路老化。

（李东祥）

（二）用电安全知识

7. 不安全用电可能造成的伤害有哪些

电是生活中必不可少的能源，如果没有电，生活就会受到严重影响。随着人们的生活水平日益提高，电器在家庭中被广泛使用。安全用电是永恒的话题，生活中经常会出现不安全用电行为，这些行为轻则造成设备财产损坏、人员受伤，重则引起电线短路放炮，造成火灾或人员伤亡，一旦疏忽大意，将会造成严重后果。

（1）**火灾**：电磁炉、电饭锅、电水壶等电器在家庭中已十分普及，这些电器功率大，使用过程中会产生高温，使用不当易引燃周边易燃物造成火灾。

（2）**触电**：包括电灼伤和电击伤，电灼伤会引起局部的光热效应，轻度电灼伤造成皮肤灼伤，重度电灼伤则造成皮肤大面积灼伤甚至深达肌肉、骨骼，电流入口处灼伤较出口处严重，受伤组织会有黑色碳化。电击伤对人的致命威胁是造成心脏心室纤颤，导致心搏骤停。电流会对中枢神经系统造成危害，导致呼吸停止。多数的触电死亡事故是由电击伤造成的，因此，电击是最严重的触电事故。

（3）**机械伤害**：家用电器中的电风扇、洗衣机、电饼铛等，使用不当会造成机械伤害，如切割伤、烧伤、烫伤等。

（4）**有害物质泄漏**：家用电器的电器元件和原材料复杂，在产品发生故障、爆炸或燃烧时可能挥发出有害物质。常见的有害气体有一氧化碳、二硫化碳及硫化氢等，这些有毒有害物质若大量聚集，会对人体健康造成伤害。

8. 如何正确使用家用电器

家用电器的普及，在给生活带来便利的同时也带来了安全隐患。家用电器使用不当、超期使用、设备老化等原因，都可以造成电器短路、过载，从而引发火灾。怎样使用才安全？下面一起来学习正确使用家用电器的方法吧。

（1）**产品选购**：应选择正规厂家生产、正规商场超市销售的家用电器产品。切莫贪图便宜，因小失大。

（2）**使用年限**：家用电器是有使用年限的，并不应该只要能工作就一直使用，在日常生活中，这一点常常被大家所忽视。“超龄”家电可能成为家中“随时可能爆炸的炸弹”，带来安全风险。

（3）**安全摆放**：家用电器应摆放在防潮、防晒、通风处，周围不要存放易燃易爆物品，各种插头插座应远离火源。

（4）**切断电源**：电视机、空调等电器使用遥控器关机，其电源始终处于通电状态，存在安全风险。对于长时间不使用的家用电器应拔下插头，切断电源。

（5）**避免长时间工作**：空调、电视机、取暖器等，都不建议长时间使用，持续长时间使用应定时关机散热。

（6）**避免同时使用大功率电器**：电熨斗、取暖器、电褥子、热水壶等大功率电器不要同时使用，以免线路超负荷引发火灾。不要在同一个插排上使用多种大功率的电器，以免线路过载。

（7）**电动自行车不入楼入户**：严禁在室内、安全出口、疏散通道、楼梯间停放电动自行车或给电动自行车及蓄电池充电。

9. 电动自行车充电有哪些注意事项

很多老年人喜欢骑电动自行车买菜、接送孙辈上下学等。大多数老年人不清楚怎么样正确管理使用电动自行车，再加上随着年龄的增长，老年人反应能力下降，自我保护能力较弱，所以，在电动自行车管理使用过程中极易发生安全事故。下面给大家介绍一下电动自行车充电管理的注意事项。

（1）先将充电器插头与电池插孔连接，再将充电器的插头连接市电电源。充电结束后先拔掉市电电源上的插头，再拔掉与电池连接的插头。

（2）充电时间需 8~10 小时。充电指示灯由红灯转为绿灯，表示电池电量已充满，连续充电时间不应超过 12 小时，否则易造成电池变形损坏。目前大部分充电器不具备充满自动断电功能，长时间过度充电，影响电池性能，还易造成电池持续高温发热引发起火、爆炸。

（3）应使用符合原车技术参数的充电器，不得随意使用其他充电器充电。

（4）充电过程中，充电器与电池要保持通风良好，上面不要覆盖物品。

（5）充电场所要远离儿童，插、拔插头时，应保持手干燥。

（6）切勿非法改装电动自行车，在改装过程中容易破坏整车电气线路的安全性能，引发车辆电气线路过载、短路等故障，从而引发火灾事故。

（7）电动自行车骑行结束后不能立刻充电。在骑行过程中，电池会释放热量，而充电过程同样会释放热量，这就会造成热量叠加，影响电池使用寿命。骑行完毕后，应将车辆静置 20 分钟进行电池冷却，待电池恢复正常温度再进行充电。

（8）不能在高温暴晒、雨淋的环境下停放电动自行车或给电动自行车充电。充电器和电池进水会造成短路、电气元件损坏、充不进电。高温暴晒会造成电池过热，容易使电池出现鼓包，导致车辆自燃事故发生。充电时要将充电器放在容易散热的地方，并随时检查充电情况。

（9）电动自行车充电应在指定的区域进行，同时要将电动自行车停放在安全地点，不得停放在室内、楼梯间、疏散通道、安全出口处，不得占用消防通道。

10. 居家用电有哪些注意事项

随着人们生活水平的日益提高，家用电器的使用也逐渐增多，在生活条件得到改善的同时，如果不注意安全用电，一个意外就可能酿成严重事故。居家用电有哪些注意事项呢？

（1）**禁止超负荷用电**：夏、冬季节常常发生超负荷用电，超负荷用电会造成电线发热，加速绝缘老化，引起电气火灾和人身电击事故。在生活中应做到避免同时使用大功率电器；空调、电暖气等大功率电器应使用专用线路；不乱拉乱接电线；多台电器不能用同一个插座。

（2）**正确选择电器位置，避免长时间使用电器**：电器不能放置在阳光直射或潮湿的地方。尽量避免长时间连续使用电器，电器周围禁止放置易燃物品，使用电器时人不要离开。

（3）**严禁电器“带病”工作**：当电器产生异味、噪声增大、温度升高时应立即切断电源，由专业人员进行维修后方可继续使用。

（4）**远离潮湿环境**：插座要安装在远离潮湿的地方。不用湿手、湿布接触带电的电器、开关和插座；插线板要进行固定，避免直接将插线板放在地上，以免发生危险；不要将水溅到电器上。

（5）**安全充电**：手机、剃须刀、电动自行车等充电时，应远离易燃物。不在睡觉时或没人时给电器充电，不在床或沙发等易燃物边充电。

（李东祥）

（三）使用燃气安全知识

11. 使用燃气时应该注意什么

（1）**做饭时，不要离开厨房**：如果燃气灶上正在烹煮东西，千万不要离开厨房去看电视、打电话等。要全程守着燃气灶，避免汤水溢出、意外熄火等情况发生，造成燃气泄漏。用完燃气后应及时关闭燃气阀门。

（2）**燃气管道上不要挂东西**：将一些零碎物品或者抹布等挂在管道上的习惯是非常不可取的。无论是室内燃气管，还是其

他软管，都不能承载重物。悬挂杂物的管道久而久之很可能会变形，严重的甚至会造成燃气泄漏。

（3）**用气时，不要关门关窗**：天气渐冷时，很多老年人可能会选择紧闭门窗。但是，长时间使用燃气不开窗，容易造成室内氧气不足。应该经常开窗通风，尤其是在使用燃气时，避免缺氧造成的伤害。

（4）**发现燃气泄漏要谨慎**：如果在家中突然闻到“燃气味”，千万不要慌张，别动明火，也不要开关电器，立即打开窗户，关掉燃气阀门迅速撤离到户外安全的地方，拨打当地燃气公司服务热线或 119 消防报警电话。

（5）**燃气灶不要反复打火**：如果燃气灶具连续三次打不着火，请先停顿一会儿，确保燃气消散后，再重新打火。因为灶具多次未打着火时，燃气已经大量释放到周围，如遇到明火极易引起燃爆。

12. 如何判断燃气泄漏

（1）**用鼻子闻**：一般民用供气，都对燃气进行加臭（乙硫醇）处理，使燃气带有类似臭鸡蛋的气味，这样易于发现燃气泄漏。所以一旦察觉家中有类似的异味，就有可能是燃气泄漏。

（2）**用耳朵听**：如果燃气泄漏比较严重，在安静的环境下是可以听到“嘶嘶——”的漏气声音的。

（3）**看燃气表**：在完全不用气的情况下，观察燃气表的末位红框内数字是否走动，如走动可判断为燃气表阀门后有泄漏

（如燃气表、灶具和热水器连接燃气表之间的胶管、接口等地方）。

（4）**喷涂肥皂水**：肥皂或洗衣粉用水调成皂液，依次涂抹在燃气管、减压阀与胶管连接处、阀门开关处等容易漏气的地方，以检查燃气是否发生泄漏。如遇燃气泄漏，皂液就会被漏出的燃气吹出泡沫。看到泡沫产生，并不断增多，则表明该部位发生了漏气。但极微小漏点可能无法被观察到，还是要以专业检测工具检测结果为准。

（5）**安装燃气报警器**：应请专业人员规范安装燃气报警器。燃气报警器能够 24 小时监测燃气泄漏情况，如遇燃气泄漏可发出刺耳的警报声，以便及时作出判断和处理。

温馨提示

如果发现疑似泄漏的情况，应第一时间打开门窗，并及时打电话给燃气公司等服务机构，请专业的人员进行检测和维修。检查过程中，严禁使用打火机等明火检查，否则很容易引发火灾、爆炸事故。

13. 发现燃气泄漏应该怎么办

（1）**立即通风**：立即关闭钢瓶角阀及灶具开关，向燃气公司反映，以便查明原因；及时对泄漏处进行处置，避免发生恶性事故。特别需要注意的是，不要情急之下打开排气扇进行通风，而忽略了排气扇也是通电的。应立即打开窗户通风。

（2）**不要开关任何电器**：各种电器开关、插头与插座的插接都会产生火花，室内泄漏的可燃气体达到一定浓度后会引起爆炸，此时应立即到室外电闸处切断电源。

（3）**不要在室内穿脱衣服**：穿脱衣服会产生静电，特别是混纺、尼龙织物，静电也会引爆空气中一定浓度的可燃气体。

（4）**不要使用电话、手机**：通话时电话机内部有可能产生微小火花，也会引起爆炸，要远离现场之后再打电话求助。

14. 如何挑选燃气灶

（1）**根据气种选择灶具**：气种分为天然气、人工煤气和液化天然气。因为这三种气体的热值、燃气压力各不相同，所以灶具也会有不同的针对性。如果灶具类型与气体不符，可能发生危险。因此，在选购灶具前，应先明确所使用的燃气种类。

（2）**灶头和面板**：灶头是很重要的一个部件。灶头材料主要以不锈钢、铸铁及铜制锻压为主。由于灶头长时间被火烧烤，易发生变形，因此灶头材质及厚度都很重要，全铜灶头效果最优。燃气灶面板的材料主要有不锈钢、钢化玻璃和搪瓷等。一般来说，家中首选钢化玻璃的面板，因为它既美观又易于清洁，长期使用后仍光亮如新。

（3）**灶具的保护装置**：灶具如果没有保护装置，很容易引发意外，导致事故的发生，尤其是对于居家的老年人。在选购时，要特别重视灶具这方面的表现。推荐首选具备自动熄火保护装置的灶具，如果出现意外熄火，它可以自动切断气源，有效避免发生燃气泄漏的危险。

温馨提示

一般来说，老年人对燃气灶并没有很多的了解，所以在购买燃气灶时除了要对比以上几点外，就是要认准品牌，因为品牌代表了实力，越好的品牌，它的产品安全性越可靠。

15. 如何正确使用燃气灶

（1）**正确点火**：燃气灶具点火时，先按下旋钮旋转点火，出现火苗后，不能马上松开，至少要按下旋钮 2 秒再松开，这时燃气才会开气正常燃烧。切记，当连续三次打不着火时，应停一段时间再打火，防止燃气爆燃的发生。

（2）**正确调整火焰大小**：用旋钮调节火焰大小时，一定要缓慢转动，切忌猛开猛关，防止损坏。

（3）**定期保养**：燃气灶具使用后，要保持灶面的清洁。燃烧器上的出气孔很容易被饭菜、汤汁、灰尘等污物堵塞，应定期清洗疏通灶具的出气孔，防止阻塞。保持灶具清洁、燃气畅通，使燃气灶保持良好的工作状态。

（4）**定期检查**：联系当地的燃气公司定期对灶具进行安全检查。如遇到开关卡顿、失灵等情况，请及时维修与更换。

（王烨）

（四）如何防盗

16. 如何防范入室盗窃

（1）离家前要将门窗锁好，拔下钥匙，切莫图省事，否则会给小偷留下可乘之机。

（2）严密保管现金、贵重物品。大笔现金应存入银行。现金、首饰、存折和其他贵重物品，应放置在不易被外人发现的地方。

（3）很多老年人由于记性不好，经常将存单、存折的账号、密码、款数等记在本子上，切记不要将存单、存折同身份证、户口簿等放在一起，防止犯罪分子利用证件提取存款。

（4）家门钥匙要随身携带，不可以乱扔乱放。钥匙丢失要及时更换门锁。

（5）不要轻易接受上门推销。如有声称是物业维修、服务人员等陌生人敲门，应该先检查其相关证件或者联系有关部门，了解其身份。如有可疑或危险情况，立即拨打110报警。

（6）老年人在家时间居多，要搞好邻里关系，必要时可以互相照看门户，留下电话号码，遇到可疑情况互相提醒，遇到危险也可以互相帮助。

（7）回家的时候也要注意，养成进门之前回头看的习惯，确认无人尾随后，再掏钥匙开门。如果回来时看见家门虚掩，千万不要进入，很可能小偷还没走，要叫邻居或保安前来帮忙并且报警。

17. 如何防止出门时忘记锁门

（1）**口诀法**：出门时，心里默念“水关了吗？电断了吗？气关了吗？钥匙带了吗？”每次开门关门的瞬间都默念一下，顺手把门锁上。不用几天，就能形成良好的出门落锁习惯。

（2）**特定动作强化记忆法**：锁门之后，做一些特定的动作，比如推拉一下门把手、扒拉一下锁眼将钥匙孔上的盖子旋转90°等。总之，做完这些动作之后才能离开。形成习惯后，就容易在无意识的状态下，把门锁好再离开，极大地减少真正忘记锁门的概率。

（3）**提示牌法**：在门内把手上或其他显眼位置悬挂提示牌：“关水！断电！关气！带钥匙！”提示牌最好能阻挡开门的把手，保证开门一定能看到提示牌。

（4）**摄像头法**：如果以上措施都没有用，建议安装摄像头，将摄像头对着门，可以远程在手机上查看实时监控，同时建议安装关门即落锁的锁芯。这样就能随时随地确认有没有锁门了。

（5）**智能电子锁法**：如果以上方法不管用或者嫌麻烦，可以考虑安装能自动关上门、自动落锁的智能电子锁，只要不开门，大门永远保持锁闭状态，彻底避免怀疑没锁门的担忧。

18. 家居安全很重要，教您如何做好防盗措施

（1）**安装防盗门**：对于居家安全，防盗门是必选装备，因为防盗门的安全系数要比普通门高很多。

（2）**窗户、阳台安装防盗窗**：窗户和阳台也存在安全隐

患，所以除了安装防盗门，也需要安装防盗窗，这样会更加保险。尽量选择可以从里面打开的防盗窗，一旦发生意外，可以随时打开逃生。

（3）**安装监控器**：有条件的情况下，可以在门口和室内安装监控器，以便了解室内、室外发生的一些事情，更好地保护老年人。

（4）**安装报警器**：有条件的家庭可以安装报警器，报警器要安装在老年人易于触及的地方，以防万一。

（5）**配备手机**：老年人要学会使用手机。首先，遇到危险的时候，使用手机报警会更有效果。其次，可以在手机上设置快捷键，以便老年人最快速度地拨出家人的电话号码，在需要的时候能够迅速地联系到家人。

19. 遭遇小偷入室行窃该怎么办

由于老年人的体力各方面都不如年轻人，当遇到小偷时最重要的就是保护好自己。

（1）尽可能地保持冷静，不要紧张乱了阵脚。只有冷静才能不畏惧，才能保护好自己。

（2）切莫与小偷发生正面冲突，否则吃亏的只能是自己。

（3）大胆地表示出“钱你可以拿走，我不会拦着你”，也要拿出“你若是敢伤害我，我也不怕你”的劲头。

（4）在与小偷交谈的过程中不要大喊大叫，这样很容易让小偷过分紧张，后果不堪设想。

（5）随手找到身边可以攻击的物品来保护自己，也用于吓唬小偷。

（6）一般情况下，小偷得到自己想要的财物之后，就会迅速逃离现场，等他走后再开灯、关闭防盗门，立刻报警。

20. 外出活动时如何防止小偷扒窃

（1）小偷经常会在老年人上公交车刷卡、进入商场掀门帘、掏钱包、看手机、接物品等人多拥挤、注意力比较分散的时候下手作案。所以，老年人要将手机、钱包等贵重财物放在衣服的内口袋或者包内，拉链一定要拉好。

（2）在公共场合时，小偷会利用随身携带的包、衣服等物品遮挡他人视线进行盗窃。所以，切记包不离身，更不要把包和陌生人的包放在一起，包的摆放一定要在视线范围之内。

（3）小偷经常会在人流量大的景区、商业街、小吃街等场所尾随目标，一般都是两人以上，相互配合进行作案。所以，老年人在外出游玩、逛街购物时，若背的是双肩包，要将包背在胸前或放在自己看得见的地方。

（4）去往医院看病开药时也要注意！挂号交费、排队等候的区域也是小偷经常出没的地方，他们找到目标，贴身靠近，几秒钟的时间就可以偷走财物。所以，老年人在医院时，务必将手机、钱包等财物贴身保管好，缴费时尽量不要携带大量现金。

（5）小偷常常会以在自行车筐内放包的路人为作案目标，他们会趁马路上人少时或在偏僻的地点，将铁丝或者绳子勾进车轮内，致使车轮被缠住，在骑车的人下车检查时，迅速上前把包拎走。所以，老年人骑车外出时，一定要将包的背带绕套在车把上。如果骑行时突然出现自行车骑不动的情况，要在保证包安全的前提下处理其他情况。

（6）老年人乘坐火车外出旅行时，也要时刻警惕小偷的出现。老年人在火车上不要将装有现金、证件、手机等物品的衣服或包挂在衣帽钩上，不要在火车上清点贵重的财物，深夜行车时要提高警惕。

温馨提示

切记在公共场合不可将钱财外露，外出时不要携带大量现金，如确实需要，也应将其与零钱分开放置。如果和陌生人突然相撞，要及时检查自己的财物是否安全，若发现被盗，要及时拨打 110 报警。

（王烨）

（五）家装注意事项

21. 如何对家具布局进行合理安排

中国已经进入老龄化社会，老年人的居家装修设计成了社会广泛关注的问题。那么，家中装修时，应如何对家具布局进行合理安排，保证老年人舒适、安全呢？归纳为如下三点。

第一，在入户门处应留有更衣和换鞋的空间，尤其注意要安装坐凳和稳固的扶手，便于老年人起身、坐下，预防跌倒，从而保证老年人安全。

第二，客厅中家具应按需要选择棱角少的，木质为佳，忌用铁质家具，尽量靠墙放，让老年人有足够宽敞、安全的活动空间，以免造成室内通行不便或者碰伤。应选择与写字台高矮相当的家具，便于老年人起身时撑扶。沙发不宜选择过于柔软的材质，不方便老年人站起、挪身。另外，需要在阳台安装防护栏杆，高度应大于1.1m，且要定期检查其牢固性，以防因破损造成老年人受伤。安装手摇晾衣架时，要充分考虑老年人的身高，使老年人在手臂自然状态下不费力气即可摇动晾衣竿。

第三，老年人的卧室应尽量选择朝向为南的，床最好选择硬床板或硬床垫加上厚褥子，不要用软床，对于患有腰部疾病、骨质增生等疾病的老年人来说，睡软床反而有损他们的健康。床铺的高低要适当，应便于老年人起卧以及卧床时拿取物品，以防稍有不慎坠床或摔伤。

22. 装修时选择哪些材质的地面材料更利于老年人健康

健康、舒适、安全的居室环境对每一位老年人来说是最好的保障。那么，装修时选择哪些材质的地面材料更利于老年人的健康呢?

在装修地面时，许多人更愿意选择地砖，便于日常清洁。但中老年人往往伴有骨质疏松，腿脚不灵便，甚至有一些老年人由于脑梗死（俗称“脑梗塞”）等慢性病后遗症肢体活动不力。所以，这里提醒大家，如果选择地砖，一定要选防滑、耐脏的，以增加地砖与鞋底的摩擦力，防止老年人脚下打滑而跌倒。厨房和卫生间的地面既不能太光滑，也不要有凹凸过深的纹理，还要避免颜色过深或过浅，这样才能保证老年人在使用地砖的房间行走相对安全。

在老年人的卧室，地板是比较理想的地面材料。一方面，地板的质感可以让老年人有宁静、舒适的感觉；另一方面，老年人对低温很敏感，尤其是在阴冷的房间里，地板可以起到隔凉隔潮的作用，有益于老年人的健康。随着年龄的增长，老年人的身体逐渐发生改变，生理功能逐渐衰退，有的老年人还患有慢性病，对于噪声极其敏感、排斥，因此，想要卧室的地板保持安静，就要在铺装地板时下功夫。良好的铺装工艺是减少噪声的关键。另外，尽量选择实木地板，它由天然木材直接加工而成，不必担心使用胶黏剂带来的环境污染问题，而且实木地板基本上是无甲醛释放的绿色装修材料，利于老年人的健康。

23. 如何选择更适合老年人的椅子

随着年龄的增加，老年人的臀部肌肉逐渐萎缩，坐骨结节上的滑囊也发生退行性变化，黏液分泌减少，缓冲能力下降。因此，老年人最好选择有靠背的椅子，再放上一个搁脚凳，让双腿可以平放，防止下肢缺血。椅子的高矮要适宜，高度应该比从足跟到膝盖高度矮 1cm，这样，老年人坐着的时候，双脚正好可以平放在地面上，膝关节也刚好维持在 90°左右，踝关节能保持在自然下垂的休息状态。如果椅子太低，坐下后膝关节就会过度屈曲，压迫下肢静脉，使得血液流动缓慢、回流困难，容易形成血栓，也会对老年人的心脑血管系统造成负担，而且老年人站起时动作会比较大，容易因重心不稳而跌倒。另外，长时间屈曲膝关节还会使有的老年人原本的膝关节骨性关节炎病情加重。椅子太高，则身体重量的压力集中至大腿部分，使大腿内侧血管受压，造成小腿肿胀，还会使腰部容易疲劳，造成腰痛。

从材质的角度考虑，最好选择藤椅。藤椅是一种采用粗藤制成的椅子架体，主要是用藤皮、藤芯、藤条缠扎制成的椅子。藤椅的特点是轻巧大方，那些细密交织的藤条古朴、清爽，既透气又有弹性，加一个软垫效果更好。而老年人如果选择硬板凳，容易诱发坐骨结节性滑囊炎，尤其是身体瘦弱的老年人更容易发生这样的损伤，还可能造成压力性损伤，俗称褥疮，给老年人带来很大的痛苦。因此，藤椅是老年人的首选坐具。

24. 家里的照明灯是否越亮越好

随着年龄的增长，老年人的视力也逐渐下降，这无疑成了他们行动受阻、发生跌倒等伤害事件的元凶。很多老年人会问：家里的灯光是不是越亮越好、越亮越安全呢？

其实不然，过于明亮的灯光或明暗对比强烈的灯光并不适合老年人，特别是五颜六色的光源，因为颜色太多，不仅会导致老年人眼花，还容易引起老年人情绪的变化和波动，而且这对于心脑血管脆弱的老年人来说，容易导致心脑血管疾病突发。

很多家庭喜欢在一个房间装上许多盏灯，例如射灯、吊灯、地灯等，通过巧妙搭配，刻意制造明暗和色彩的对比来烘托室内的格调。但是，在老年人居住的环境里，要尽量使用色彩单一、灯光平稳的暖光照明，并且不要留下照明的死角。

在走廊、卫生间和厨房的局部、楼梯、床头等处，要尽可能地安排一些灯光，光源一定不能太复杂，不装彩灯。很多老年人视力不好，起夜较勤，为保证老年人起夜如厕时的安全，卧室应设置低度的长明夜灯，且长明夜灯的位置选择应避免光线直射躺下后的老年人眼部。因此，选择合适的光源，给老年人一种安详、温暖的感觉，更加适合老年人的身心健康。

25. 家中面板开关设置在哪些位置更加方便老年人

八十岁的王奶奶，凌晨因跌倒致双膝、双踝关节疼痛到急诊科就诊。追溯病史得知：王奶奶夜里想去厕所，还未走到卫生间，就被客厅的椅子绊倒。通过王奶奶的案例来讲讲家里面板开关设置在哪些位置更加方便老年人。

对老年人来说，方便生活、保障安全最重要。在家中一进门的地方要设置伸手可及的面板开关。因为老年人在比较黑暗的环境中，进入户门以后第一时间打开家中客厅照明灯，这样进门活动才相对安全。

另外，能控制客厅灯源的开关面板还需要在卧室进门处安装一个，便于老年人离开客厅安全到达卧室后再关闭客厅灯源。对于卧室的面板开关，需要在进门伸手可及处和老年人床头分别设置安装，这样老年人能在进门前开启照明灯，又能在需要关闭灯源时，不下床即可做到。

在厨房和卫生间的面板开关设计中，最好在门内外都设置开关面板，方便操作。

学习了以上面板开关安装的注意事项，可以相对避免案例中王奶奶这种情况的发生了。当然，最好能为老年人安装长明夜灯光源，从而降低老年人夜间伤害发生风险，最终保证安全。

26. 家中卫生间浴具如何选择，防止老年人跌倒

劳累了一天，洗个热水澡，享受放松与舒适令不少人向往。然而，有高血压、冠心病、肺心病等心脑血管疾病的老年人，由于身体不灵活，洗澡不方便，会有滑倒摔伤的危险。那么，家中什么样的洗浴洁具更适合老年人呢？

如果为老年人选择浴缸，不宜选择太深和有明显弧线的浴缸。由于浴室内室温高，老年人泡在水位超过心脏的浴缸里也会发生危险，浅的浴缸既方便出入，又能保证安全水位。而弧线小的浴缸不易打滑，容易抓扶。另外，选择带有台阶的、木质的以及有扶手设计的浴缸更优，这些浴缸设计安全，考虑全面，比较适合老年人。

如果安装淋浴，就要考虑购买防滑垫、淋浴板凳等。现在防滑垫一般为木制，下面安装了橡胶的吸垫，只要将其铺在淋浴区，洗浴就安全多了。

当然，在淋浴区添加扶手也必不可少。扶手的材质要选择防滑型，这样才能更好地保障老年人洗浴时的安全。淋浴凳虽然设计简单，但是对老年人却很有帮助。在淋浴时，它可以让老年人坐着完成洗浴，既稳定又安全。淋浴凳还可以让老年人坐下休息，节省体力，减少疲惫和乏力。

因此，卫生间浴具应科学合理选择、放置，最终达到安全使用的目的。

27. 家中卫生间是否需要安装紧急呼叫装置

随着年龄的增长，老年人的多种自身因素导致急性心脑血管

疾病也随之而来，患病率和病死率呈逐年增长趋势。子女都希望自己的父母在晚年过上平安和谐的生活，但现代社会的快节奏工作使不少子女疏于照顾父母。老年人一旦面临突发疾病，遭遇险情等紧急情况，可能无法走到电话机前，甚至可能无法使用手机拨通电话求助，因此，为老年人安装紧急呼叫装置是非常必要的。

老年人在家或其他场所可将紧急呼叫装置随身携带或挂在胸前，突发不适或意外情况时，仅按动“紧急呼叫”按钮，就可立即与子女联系。与普通手机不同的是，紧急呼叫装置使用起来方便简单，即使在老年人无法言语的情况下，也能让接线人通过系统了解到老年人的定位，帮助老年人获得及时、准确、高效的救助，最大限度地保障了老年人的生命安全。例如，很多老年人在卫生间如厕时，不希望子女或保姆陪在卫生间内，子女只能尊重老年人的意愿，而卫生间又是老年人急性心脑血管疾病的高发空间，因此，老年人胸前佩戴紧急呼叫装置，能在身体不适时立即按“紧急呼叫”按钮，及时得到救援。

关爱老年人，从安全细节做起。让每位老年人都能安度晚年，是全社会共同的心愿。

（赵玉荣）

二、起居安全

（一）常见起居用品安全知多少

28. 如何选择合适的水杯

一般情况下大家会选择杯身轻、把手宽、易清洗的水杯，比如常见的玻璃杯、带把瓷杯。但是当老年人因为疾病，比如刚做完手术、突发脑梗死等，需要卧床静养时，喝水易出现呛咳，或者手指活动异常，普通杯子就不太适用了。下面为大家介绍几款杯型，大家可结合实际使用需要进行选择。

（1）**带把手水杯：**当老年人手指活动能力下降，对精细动作执行有难度时，可以选择带把手的水杯，提高抓握的准确性。在选购时须根据老年人的手指粗细、活动情况注意把手的粗细、长短和弧度等细节。

（2）**带刻度的水杯：**对于心功能、肾功能较差的患者，一般医生会要求记录出入量。这时可选购一款带刻度的杯子固定使用，便于日常准确计算饮水量。

（3）**带吸管的水杯：**有些老年人头部后仰动作幅度变小或舌头灵活性下降，可选择吸管杯将水直接送入舌后部，方便吞咽。或者选择 U 型水杯，U 型水杯的设计可使老年人无须仰头便可轻松饮水。

（4）**宝宝奶瓶杯：**当老年人吸吮能力弱、大口饮水容易发生呛咳时，可以试一试儿童使用的宝宝饮水杯，因其出水口口径小、防胀气、有刻度，所以对这类老年人有一定的适用性。

（5）**有温度显示的保温杯：**老年人由于记忆力下降，对温度的感知度下降，生活中经常会遇到被水烫伤的问题。基于这个问题，推荐老年人使用带有温度显示的保温杯，以起到警示作用。

此外需要提醒大家，水杯长时间使用时，要定时清洗、消毒或及时更换，避免细菌滋生。在使用沸水消毒时，一定注意杯子的材质对耐热度的说明，若是沸水消毒后杯子变形，切记不要再继续使用。

29. 如何给义齿做养护

义齿也就是通俗说的假牙，很多老年朋友都会遇到佩戴义齿的问题："我的假牙能摘吗？""配好了假牙，我还用来复查吗？""频繁摘下来清洗假牙，真牙会不会变松？""用盐水泡对假牙的消毒来讲是不是更有效？"对于活动义齿，要做到正确摘戴、清洁和复诊。

义齿分为活动义齿和固定义齿，活动义齿又分为全口的义齿和局部的义齿。活动义齿应该每天摘戴，主要因为口腔黏膜每天都会发生变化，如果数日或更长时间不戴，黏膜变化，会出现佩戴困难的问题。佩戴时要注意用力的方向，避免暴力摘戴损伤义齿或口内组织。如果出现义齿不能戴入的情况，千万不要强行佩戴，一定到正规的医疗机构口腔科就诊，让医生查看一下是否需要对义齿进行调整。

一般情况下，每次进食后应取出义齿，先用水冲洗掉食物残渣，再用牙刷将义齿刷洗干净浸泡于冷水中。同时漱口清除口内的残渣，认真做好口内余留真牙的清洁。

一般 5 年应更换义齿或对义齿进行调改，使用义齿后应每年到医院复查一次。如果义齿与口腔组织不合、磨耗严重，或者义齿随着说话时嘴的张合掉下来又还原回去，就应该到口腔科就医，进行调整和更换。

最后，还要提示大家，照护人员应对老年人义齿的日常养护情况加以关注，尤其是当老年人独居、意识不清、认知能力下降时，更应关注，避免造成严重的牙龈口腔问题。

30. 选鞋的奥妙，您知道吗

前几天，从网上给妈妈购买了一双知名品牌的鞋，送给妈妈时，妈妈一直说："这双鞋肯定特别贵吧，看这包装就不便宜。"经过几天观察，发现妈妈并没有经常穿，以为妈妈不舍得，后来和妈妈逛街，她要再买一双新鞋，我才不解地问："为什么还要买？新买的鞋为什么不穿，还要买一双？"妈妈不好意思地说："我的脚宽、蹈外翻挺严重的，你那双鞋卡得我难受。"妈妈的回答，让我不禁反思：老年人鞋子该如何选择？带着问题我进行了文献搜索，发现该注意的点还真多。

（1）**鞋底软硬度：**有些老年人奉行鞋底越软越好的标准，这是一个误区。人在行走时，脚跟要承受很大的冲击力，鞋底可以起到缓解足部冲击力的作用。鞋底过硬，脚掌对着力点的感知变差，有可能一个小石子都能使人滑倒；鞋底过软，缓冲不够，遇到路不平时，容易造成脚掌、脚踝受伤。因此，选鞋子要遵循"软硬适中、大底选硬、中底适中、内部柔软"的原则。

（2）**鞋子的大小：**老年人的鞋前部应该宽一些，尤其是高脚背的人。买鞋的时候建议在下午 4—6 点试穿，这个时间段是脚部最浮肿的时候。试鞋的时候双脚都要试穿，最好来回走几步。脚趾前面需要留出 1cm 左右，让脚趾有足够的活动空间，不使脚趾受到挤压的鞋子是最合适的。

（3）**鞋体重量：**过重的鞋子不利于老年人的行走活动。因此，选购老年人的鞋子时，鞋子不宜太重，要轻巧灵便，方便老年人行走。

（4）**鞋底要防滑：**鞋子要选择底纹清晰、耐磨防滑的，这样才能有效起到防止跌倒的作用。

（5）**透气性能要好：**很多老年人常说“穿鞋还要穿咱自己做的千层底老布鞋”。但要提示的是，穿老布鞋时一定要注意晾晒，增加鞋的透气性，避免鞋内湿气散发不及时，引发脚气问题。

（6）**穿脱要方便：**有些老年人弯腰、系鞋带等动作实施起来较困难，因此，老年人最好选择有魔术贴、弹力带、鞋扣等固定配件的鞋子，既可以对松紧进行调节，又省去系鞋带这个步骤。此外，还可以使用鞋拔子，方便老年人穿鞋。

买鞋并不是越贵越好，给老年人买鞋时尽可能问清老年人的需求，现场试一试再购买。

31. 老年人着装中有哪些安全隐患

前几天，想给妈妈买几件衣服，本着安全、舒适的原则，在搜索栏中直接输入“中老年服饰、舒服、易于活动”，结果妈妈看着一张张运动服照片，很不满意，说：“我要做时髦的老太太，年纪大并不代表不追求美！”下面就结合服装的时尚性聊聊老年人着装的安全隐患。

（1）**服装材质透气性差：**老年人皮下脂肪变薄，一活动就会出汗，服装材质透气性差会造成感冒、湿疹等问题。所以，选择透气性好的衣裤，可以预防更多疾病。

（2）**服装剪裁复杂**：衣裤上金属拉链、胸针、蕾丝、系带、穗状装饰等容易造成剐蹭、划伤，引起过敏等问题。

（3）**领口、袖口、裤腿过紧**：领口、袖口、裤腿设计过紧，容易使老年人有呼吸不顺畅、手脚束缚的感觉。同时，过紧的设计增加了服装与皮肤的摩擦程度，容易造成皮疹问题。此外，很多老年人伴有不同程度的尿失禁问题，穿脱不顺畅，容易引发如厕尴尬。

（4）**对襟扣子不方便使用**：很多老年人因受到疾病的影响，手指的灵活性、协调性下降，在系扣子、系带子时很费力，这时可以考虑使用粘扣、拉链等设计的衣服来避免这个问题。

（5）**配饰的遮挡**：夏季防晒帽、冬季的大围巾把老年人的头部包裹得十分严密，只露出一双眼睛。这种情况会使视野范围受到影响，尤其是在需要转弯、掉头时，使老年人不易发现身边的安全隐患或听不清周遭的声音，引发跌倒、磕碰问题。

（6）**服装厚重、偏大**：有些老年人喜欢穿大一号的衣服，一是方便叠穿，二是宽松款式，夏季更清凉。但这样的服装容易在行动过程中引发剐蹭，从而出现身体被牵扯的情况。

（7）**护膝、护腰的过度使用**：为了保暖，有些老年人喜欢一直佩戴着保暖护膝、护腰等用品，这种做法容易造成局部活动受限，使身体灵活性下降。

另外，还需要提示有痴呆老年人的家庭，家人或者照护者可在老年人衣服上备注联系信息，以防走失。比如在老年人外穿的衣裤上缝上印有老年人姓名、家属联系电话的名片，当老年人迷路或因疾病走失时，可以加大寻找到的机会。

32. 如何选择老年人使用的纸尿裤

对于小婴儿的纸尿裤产品，广告上有诸多推广，但说到老年人使用的纸尿裤，您又了解多少呢？其实老年人的皮肤特点和婴幼儿有很多相似的地方，但随着机体的衰老，老年人的皮肤变软、变薄，光泽减退，弹性减少，常常出现瘙痒、淹红、皮疹等问题，长时间接触尿便刺激时，极易发生失禁性皮炎，也就是老百姓常说的“红屁股”。那么该如何选择老年人使用的纸尿裤呢？

（1）**选款式：**常见的纸尿裤有腰贴型和拉拉裤型。腰贴型适合常年卧床的老年人以及行动不便者，需要在别人协助下完成穿戴。拉拉裤型更适合有自理能力的老年人穿戴，比如在需要外出购物、参加短时间聚会时，穿戴简单的拉拉裤就能快速解决问题。

（2）**选尺码：**选购时要根据臀围、腰围、体重、身高选择合适的尺码。尺码过小容易造成局部摩擦受压，如大腿根部、腰腹部等；尺码过大容易出现尿液外漏、易松脱等问题。

（3）**选材质：**有些照护者认为棉布条吸水性好，既省钱又软和，很多小孩儿都能用，老年人用也没问题。其实这存在一定的误区。小婴儿尿量少，不舒服的时候立即哭闹。而老年人尿量多，且由于疾病或害羞等问题，排尿后不能及时反馈，若更换不及时，常常引发局部皮肤淹红、破溃等问题。所以在选购纸尿裤的时候需关注其材质，尽可能选择柔软、吸水性强的材质，可以使皮肤保持干爽，避免磨损皮肤。

（4）**关注吸水量、锁水性：**选择老年人纸尿裤时，纸尿裤的吸水与锁水功能尤为重要。回渗量是纸尿裤的基本参数，在国家标准 GB/T 28004.2—2021《纸尿裤 第 2 部分：成人纸尿裤》中明确要求成人纸尿裤的回渗量不可大于 40g 等。好的芯体，不仅能够吸收及储存大量尿液，同时还应具备反渗功能，即吸收尿液后在外力挤压下也不会使尿液回渗的功能，这样可以避免皮肤长时间受尿液的刺激。大家不要贪图便宜，使用质量较差的产品，若是造成尿路感染，那问题就更严重了。

（5）**防侧漏：**很多女性使用卫生巾的时候会注意到，在主体的边缘有防侧漏的围栏设计，目的在于防止人体在活动、扭转时液体外溢。纸尿裤也有这样的设计。

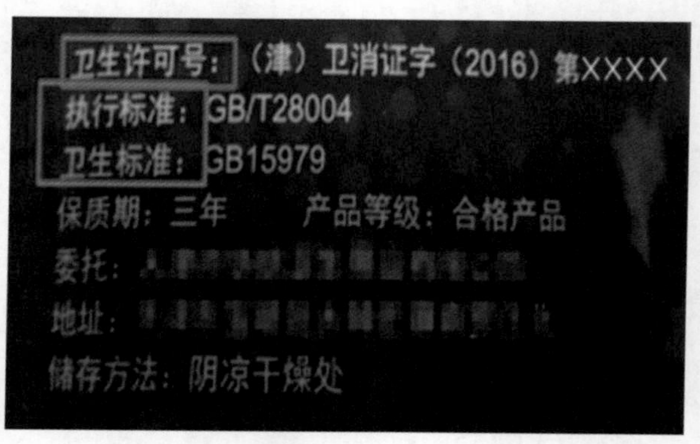

（6）**注意卫生许可号等信息：**选择标有卫生许可号、生产厂家、生产日期且在保质期内的纸尿裤。不合格产品有可能在材质、制作技术上存在隐患，长时间给老年人使用这样的商品，极易引发尿路感染等问题，请务必重视。

（7）**规避使用误区：**长期使用纸尿裤是一笔不小的开销，有些照护者提出："如果这次尿得不多，我就不换或者换下来后晾干还能再用。"老年人皮肤长时间接受尿液的刺激，容易出现皮疹，若老年人偏瘦，局部的潮湿也有造成压疮的风险，这会使后续的护理更加有难度。而且，使用后的纸尿裤不建议晾晒后再次复用，尤其是对于女性使用者，极易造成泌尿系统逆行感染，请大家切记。

总之，在为老年人选择纸尿裤时，谨记认真查验产品合格标识，从正规渠道购买。避免因使用劣质纸尿裤，给老年人和家庭带来不必要的痛苦和负担。

（宋暖）

（二）说说跌倒那些事

33. 引起老年人跌倒的原因有哪些

跌倒是指突发的、不自主的、非故意的体位改变，倒在地上或更低的平面上。按照国际疾病分类（ICD-10）对跌倒的分类，跌倒包括以下两类：①从一个平面至另一个（更低）平面的跌倒；②同一平面的跌倒。坠床、从轮椅站起时倒地等，均属于跌倒。跌倒的危险因素包括：躯体因素、精神因素、药物因素、疾病因素和环境因素等。

（1）**躯体因素**：老年人步态协调性、平衡稳定性和肌力下降，视觉、听觉、前庭功能、本体感觉下降，大小便控制能力下降均是诱发跌倒的危险因素。

（2）**精神因素**：痴呆、谵妄、行为异常和神志恍惚等精神问题可以诱发跌倒。

（3）**药物因素**：药物是引起老年人跌倒的重要原因。服用镇静药、抗精神病药、降压药、血管舒张药、降血糖药等易导致神志、精神、血压的改变，从而影响平衡功能引发跌倒。老年人多病共存，多重用药也是老年人跌倒的危险因素。

（4）**疾病因素**：老年人常常多病共存，神经系统疾病、脑血管疾病、心血管疾病、骨关节疾病、糖尿病等急慢性疾病均可导致老年人头晕、步态不稳、平衡功能失调、虚弱、视觉或意识障碍，从而诱发跌倒。

（5）**环境因素**：引起跌倒的环境因素有地面、灯光、家具、服装、设施等。地面潮湿有水、不平，地毯松脱，地板打蜡过滑，室内空间狭小，物品摆放不当，光线过暗或过强，台阶高度不适宜，座椅、床过高、过低或过轻，坐便椅无安全扶手，无防滑垫，衣着不适宜，裤过长或过肥，鞋的尺寸不合适，鞋底不防滑，穿拖鞋走路等因素都容易引起跌倒。

34. 老年人跌倒的严重后果有哪些

（1）**躯体方面：** 22% ~ 60% 的老年人曾因跌倒而受伤，轻者关节积血、脱位、扭伤及血肿，重者骨折，包括髋部、肱骨外科颈及桡骨远端的骨折，以及脊柱的压缩性骨折等，最严重的是颅脑损伤，可直接导致死亡。

（2）**功能方面：** 老年人跌倒受伤后通常需要卧床，或者肢体制动很长一段时间，可导致肌肉萎缩、骨质疏松，甚至关节挛缩等，严重影响肢体功能。

（3）**心理方面：** 50% 跌倒者对再次跌倒产生惧怕心理，对跌倒的恐惧可以导致跌倒→丧失信心→不敢活动→衰弱→更易跌倒的恶性循环，甚至卧床不起。

35. 活动能力下降的老年人如何预防跌倒

（1）帮助老年人了解自己的活动能力，量力而行。

（2）活动时体位变换宜慢，必要时借助辅助器械（如各种类型的拐杖、助步器、轮椅）或家人帮助。

（3）佩戴适合的矫正器（眼镜、助听器等），定期对矫正器进行调试。

（4）调整生活方式，睡前少饮水，养成定时如厕的习惯，并进行排尿自控训练。

（5）在活动障碍的老年人床边备便器，必要时使用护理垫、外用引流器或纸尿裤。认知障碍的老年人需要照护人员协助训练并改进夜间如厕方式，选择应用床边坐便椅、床上便器等，减少离床活动频次，降低跌倒风险。

（6）进行平衡能力训练：可根据老年人配合程度帮助老年人进行太极拳、扶椅单脚站立等运动训练。

36.“心情不好”“脑子糊涂”也会导致老年人跌倒吗

很多老年人患有慢性病或独居生活，易产生抑郁、焦虑、恐惧等心理障碍，表现为注意力不集中，不服老和不愿麻烦别人，对一些力所不能及的事情，也要尝试自己去做，导致跌倒的风险明显增加。

认知障碍的老年人经常出现徘徊或游荡行为，表现为无目的地走来走去，四处游荡，有时持续几小时，或自己无目的地走出家门，因而迷路、走失。徘徊容易导致认知障碍的老年人跌倒、走失，带来安全风险。

37. 如何预防老年人精神不稳定诱发的跌倒

（1）在老年人情绪不稳定时及时进行安抚，由专人陪伴，减少老年人活动，预防跌倒。

（2）督促老年人按时服药，注意用药后不良反应。

（3）家具尽量简洁，避免尖锐的转角。活动区域留出行走空间，不要堆放过多杂物和容易绊倒老年人的小物件。

（4）物品固定放置，使危险物品远离老年人。地面使用防滑材料或进行防滑处理，若地上有水应及时擦干。给认知障碍的老年人穿防滑、合脚的鞋子，以免跌倒。

（5）老年人卧床时拉好床档，座椅有扶手及靠背，必要时使用安全带进行保护性约束。

38. 如何预防药物因素引起的跌倒

（1）降压药易引起头晕，建议老年人定时监测血压，起床时做到三部曲，即醒后卧床 1 分钟再坐起，坐起 1 分钟再站立，站立 1 分钟再行走。

（2）降血糖药会引起低血糖，表现为头晕、乏力、心慌，从而导致跌倒。建议老年人定时监测血糖，照护者提示认知障碍的老年人按时进食，发现低血糖情况及时协助进食。不宜空腹运动。

（3）镇静催眠药、抗精神病药等易引起嗜睡、头晕、乏力、步态不稳等情况而导致跌倒，建议先协助老年人洗漱、如厕等，老年人上床后再服药，服药后尽量避免离床活动，夜间在床旁或床上使用便器。

39. 如何对居家环境进行布置预防跌倒

（1）**地面：**地面材质应防滑，无反光；不可使用块状地毯；

湿式清洁地面后暂停活动，摆放安全警示牌；通道宽敞，通畅无障碍。

（2）**灯光：**灯具的光线充足、柔和，不刺眼；夜间开启夜灯。

（3）**家具：**房间物品固定放置，床的高度以老年人坐在床沿脚能够到地为宜；提供稳定性好、带扶手的座椅。

（4）**设施：**浴室、卫生间装置扶手，地面防滑，门采用外开式，马桶高度以 42 ~ 45cm 为佳，浴室设置洗澡椅。坐便器高度适宜，桌角、窗台成圆弧形或贴保护贴。

40. 老年人安全起床三部曲

老年人活动时一定要不急不躁，按照事先的安排与计划，按顺序逐一完成，并且要专注，注意力分散的时候可能会有发生跌倒的危险。所以，老年人日常生活起居动作要慢，特别是有直立性低血压及眩晕的老年人。

安全起床要做到起床三部曲，即醒后卧床 1 分钟再坐起，坐起 1 分钟再站立，站立 1 分钟再行走。生活自理能力降低的老年人要有人照顾，外出时要有人陪同，可使用安全的辅助工具如助行器、轮椅等。建议有视力、听力障碍的老年人戴老花镜、助听器。

41. 老年人最易跌倒的几个时刻

（1）**着急接电话时：**建议老年人不要把电话放得太高，最好将电话放在客厅等经常活动的地方，并在卧室安装一部分机，开通来电显示，以防错过重要电话。听到电话响时，老年人不要着急接听，要慢起、慢站、慢走。家人要知道，老年人会存在接电话慢的情况，应耐心等待接听。

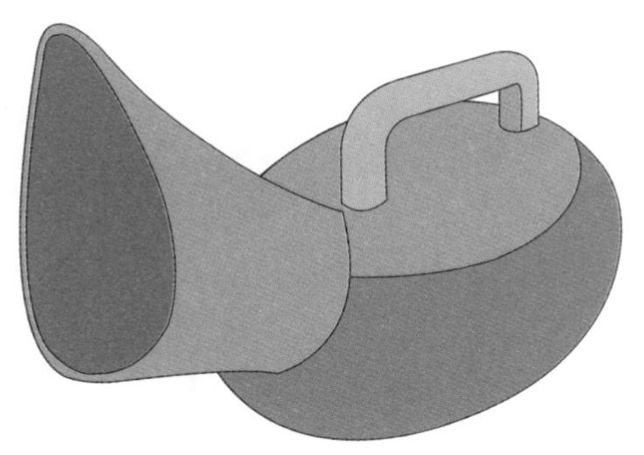

（2）**起夜时**：老年人常常会有夜间如厕频次增加的情况，尤其是老年男性，经常会有一晚上去厕所好几次的情况。建议装一个小夜灯，将堆积在过道的报纸、电线等杂物清除，卫生间放置防滑垫并安装扶手。对于平衡能力较差、夜间服用助眠药物的老年人，建议夜间使用床旁坐便椅或者便器如厕，避免往返卫生间期间发生的跌倒。

（3）**洗澡时**：老年人洗澡不宜超过 15 分钟，浴室门不要反锁，避免发生意外时耽误抢救。老年人洗澡时可以使用防滑板凳或专用洗澡椅，既省力又不用担心跌倒。浴室地面应采用防滑瓷砖，并铺放防滑垫，尽量安装扶手或固定物，便于老年人保持平衡。

（4）**服药后半小时**：老年人在服用某些药物后，血压、意识、视觉、平衡力等会受到影响，增加跌倒风险。一般来说，服药后 30 分钟至 1 小时是跌倒的高风险期，老年人动作宜缓慢，尽量不要外出。

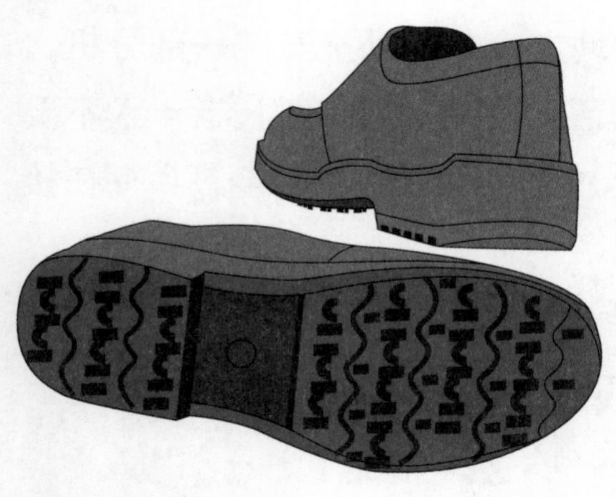

（5）**等车时：**老年人外出最好随身拿一根带板凳的折叠拐杖。等车时不要一直坐着或站着，可在原地多活动活动关节。公交车进站后，不要急于上车，避免和他人拥挤。

（6）**乘扶梯时：**建议老年人乘扶梯时抓紧扶手，双脚左右分开站立，身体重心稳了，就能最大限度地避免跌倒。去超市购物时，尽量不要使用购物车，免去推车乘扶梯带来的风险。乘扶梯时切勿争抢，如腿脚不便，可乘无障碍升降电梯，或寻求工作人员的帮助。

（7）**冬季外出时：**骨质疏松的老年人应尽量减少在雨雪天外出，外出时应穿防滑鞋或运动鞋，行走时切忌提重物，双手不要揣在兜里，手在外、小碎步、缓慢前行，感觉要跌倒前缓缓蹲下。可拄根拐杖来保持平衡。

42. 跌倒的“正确姿势”，您了解吗

虽然跌倒在一定范围内是可以预防的，但不是完全可以避免的。所以，老年人应当学会，当跌倒不可避免地发生的时候，如何最大程度地减轻伤害。

在跌倒时想要减轻损伤，需要避开关节、头部等重要部位，并且尽量减少支撑的企图。跌倒发生时立即放松全身肌肉，主动屈曲四肢关节，弯腰低头，双手护住头部，双上肢屈于胸前，团

身，顺势倒下，尽量一侧身体着地。屈肘、护头可以减少上肢骨折及头部受撞击的可能，侧身着地可以避免头部撞击，减少前倾或后仰时反射性手臂支撑导致上肢骨折的可能，以及膝关节、髋关节受伤的可能，在台阶上侧身跌倒可以缩小滚落的概率。

总之，老年人应该在遇到高风险环境（如湿滑、路面不平、视线较差等环境）的时候，潜意识里做好跌倒的“准备”。

43. 陪护人员如何协助老年人减轻跌倒伤害

（1）日常生活中，老年人行走时，陪护人员与老年人距离不超过一臂。

（2）当老年人站立不稳，跌倒难免发生时，陪护人员迅速站在老年人侧后方，扶住老年人肩膀两侧。

（3）陪护人员双腿分开站立，保持自己身体稳定，靠近老年人一侧的腿伸直，另一腿弯曲。

（4）陪护人员帮助老年人沿着其腿滑下，顺势坐在地上，以减少损伤。

44. 发现老年人跌倒后应如何正确处理

发现老年人跌倒后，不要急于扶起，要分情况进行处理。

（1）**意识不清老年人的处理：**立即拨打急救电话。

1）如有外伤、出血，应立即止血、包扎。

2）如有呕吐，应将其头部偏向一侧，并清理口、鼻腔呕吐物，保证呼吸通畅。

3）如有抽搐，必要时在其牙间垫较硬物，防止咬伤舌头，不要硬掰抽搐肢体，防止肌肉、骨骼损伤。

（2）意识清楚老年人的处理

1）询问并观察老年人是否有剧烈头痛或口角歪斜、言语不利、手脚无力等提示脑卒中的情况，如有，立即扶起老年人可能会加重脑出血或脑缺血，使病情加重，应立即拨打急救电话。

2）如有外伤、出血，应立即止血、包扎并护送老年人到医院进一步处理。

3）查看老年人有无肢体疼痛、畸形、关节异常、肢体位置异常等提示骨折的情况，不要随便搬动老年人，以免加重病情，应立即拨打急救电话。

4）如老年人试图自行站起，可在评估老年人病情后，协助老年人缓慢站起，坐、卧休息并观察。如需搬动，应保持平稳，尽量平卧休息。

（马宗娟）

三、出行安全

（一）出行注意事项

45. 如何选择交通工具

老年人出行最重要的是安全。那么老年人如何选择交通工具呢？交通工具是现代人生活中不可缺少的一部分，随着时代的变化和科学技术的进步，人们周围的交通工具越来越多，给每一个人的生活都带来了极大的便利。陆地上的汽车，海洋里的轮船，天空中的飞机，大大缩短了人们交往的距离。有报告显示在参与调查的老年人中，56.4%的人出行主要依靠公交车，20.6%主要依靠自行车及老年人代步车，19.4%主要为地铁出行。

对于老年人来说，一是根据出行的距离选择交通工具。近距离出行采用步行或骑自行车等方式；中短距离出行乘坐公交车、出租车或自驾车；长距离出行可以乘坐火车、轮船、飞机等。二是根据自身的身体情况选择交通工具。高龄老年人出行须慎重，能否乘坐飞机要视其健康状况而定，高龄或者健康状况不佳的老年人，应该向医生询问是否可以乘飞机旅行，同时让医生出具证明。据资料统计，在飞行中因急性心脏病死亡者占乘客的3/10万，所以，患有心脏病、高血压等心血管疾病、呼吸系统疾病和严重贫血的老年人，出行时应慎重选择飞机。

例如，根据老年人的特点，可以帮老年人选择合适的轮船，尽量选择一个舒适的房型，楼层和位置尽量居中，以避免出现晕船情况，最好是带窗、采光好的房间，这样会使老年人心情舒畅。强调出行的安全和注意事项，让老年人能安心出行。

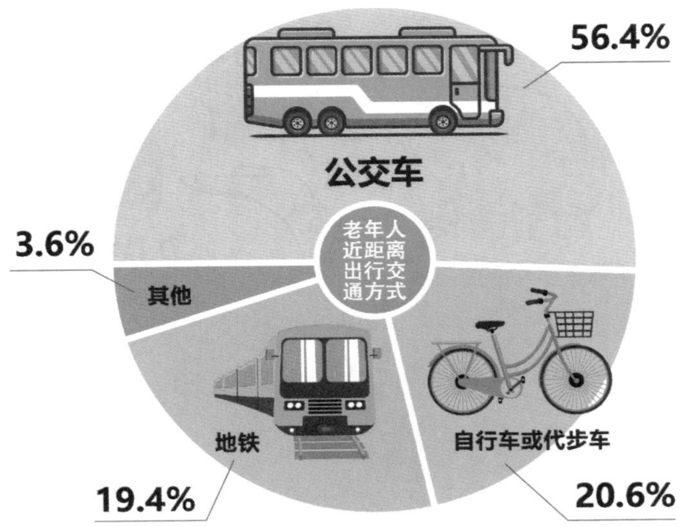

46. 出行前的准备工作有哪些

老年人出行要做好个人防护，平安健康出行。

（1）提前规划出行目的地与交通方式，尽量错峰出行，避免人群聚集、拥挤。

（2）准备身份证、钱包、手机、行李及随身物品，必要的食品和合适的服装，口罩、手套和消毒湿巾等。老年慢性病患者携带自身服用的口服药和一些常备药物及外用药物。

（3）老年人可以随身携带急救卡，写明家人的联系方式和自身疾病的急救方式。

（4）在呼吸道传染病流行期间，应关注目的地疫情动态和最新防疫政策，不前往疫情中高风险地区，非必要不前往中高风险地区所在的区县。准备充足的一次性医用口罩或医用外科口罩、免洗手消毒剂、消毒湿巾等个人防护用品。

（5）出现发热、咳嗽、流涕、腹泻等疑似呼吸道传染病症状，或患有其他不宜外出的疾病，及时规范就医，取消出行计划。

47. 日常出行应注意哪些问题

老年人的日常出行作为维持日常生活的根本保障，是老年人满足个人需求和享受美好生活的必要条件。日常出行的目的主要是购买日常生活用品，到社区医院购买常用药物以及休闲健身等，主要出行方式是步行。男性出行距离较女性远，但出行次数少于女性。女性老年人承担更多的家庭购物责任。和与家人同居的老年人相比，独居老年人出行距离较近，出行时间较短。

那么老年人日常出行应注意哪些问题呢?

（1）出行前关好电视、电灯及燃气设备，保证锁好门，外出时带好家门的钥匙。

（2）在公共交通工具、室内公共场所以及人群聚集的室外场所，应注意佩戴口罩。

（3）保持手卫生，饭前饭后、便前便后以及触摸眼、口、鼻、公共设施后要洗手或进行手消毒，打喷嚏时用肘部或纸巾遮掩口鼻并及时洗手或进行手消毒。使用便携式的小瓶消毒液、消毒湿巾和独立包装纸巾。

（4）避免前往人员密集的公共场所，不聚集、不扎堆，聚餐、聚会等人数不宜超过 10 人。

（5）保持勤洗手、常通风、咳嗽礼仪、安全社交距离等良好生活习惯。

（6）需要携带手机和适量的现金。如乘坐公交车出行，需要带上老年卡或公交卡，同时需要关注天气的情况，带好雨伞、雨衣、合适的帽子等防雨防晒的物品。

（7）出行时带上平时使用的拐杖，穿上防滑的鞋子，防止跌倒的发生。有糖尿病等基础疾病的老年人，可以带上巧克力、糖和饼干等食品，防止低血糖的发生。

48. 外出旅行要注意什么

随着生活水平的不断提高，消费观念的改变，老年人旅游出行的需求日益增加，了解老年人旅游出行特点，最大限度满足其出行需求，让老年人在保证安全的前提下享受旅行时光。

老年人外出旅行应该注意什么呢？咱们先看看这个真实的例子。有一位老年女性，72 岁，随团旅行第一天在当地就餐时，因为餐厅地上有油，不慎滑倒，右手着地支撑，到当地医院就医，诊断为右手手腕骨折，连夜返回出发地医院治疗。分析原因：一是餐厅地面不洁，二是老年人穿的是一双不防滑的新鞋。事情已经过去 3 年，这位老年人仍留有后遗症，右手不能用力。

（1）老年人出游前做一次常规健康体检，征求医生的建议，据自身的身体状况来选择旅游地，详细安排行程，最好结伴而行或者有家人陪伴。

（2）选择信誉好的旅行社，买好意外伤害保险，最好随团有保健医生。

（3）携带药品：老年人肠胃消化能力弱，易水土不服，因此在随身携带降血脂、降血压等常用药品的同时，还应带一些调节肠胃、治疗感冒和预防晕车之类的药品。

（4）老年人外出一定要穿舒适、防滑的运动鞋，最好不穿新鞋。老年人要准备两套厚衣服，在气温变化时能及时保暖防止受凉。

（5）老年人在旅途中饮食应该以清淡为主，多吃蔬菜水果。

（6）注意休息，劳逸结合，避免过度劳累或兴奋。

（7）贵重物品要随身携带，购物要适可而止，退房时一定要仔细检查是否有东西落在卫生间、抽屉里、枕头底下，防止财物的丢失。

（张爱军）

（二）防走失指南

49. 哪些老年人有走失风险

老年人走失是指在日常生活中不能确认自己的位置，不能找到目的地或起始地点，而迷途不返或下落不明。谵妄、失智、兴奋/行为异常、意识恍惚等情况均是老年人走失的危险因素，其中失智老年人走失最为常见。

50. 老年人走失的危害有哪些

老年人走失后常常发生受伤、受凉、跌倒、交通事故、脱水、溺亡等事件，甚至影响老年人的自主性、自尊乃至生活质量。

对照护者而言，老年人走失后需要花大量时间寻找，易造成老年伴侣或家属因焦虑突发疾病。

在医院或养老机构走失的老年人，因为离开医院而延误治疗致使病情加重，在走失过程中可能发生不良事件如跌倒、车祸、撞伤等，甚至危及生命。

51. 导致失智老年人走失的常见因素有哪些

（1）**疾病因素**：导致失智老年人走失行为的机制尚未完全清楚，普遍认为，大脑功能损害导致老年人空间记忆、视空间定向、导航能力以及其他执行性行为功能衰退，这些功能障碍可能造成其走失。失智老年人的走失行为与病程、疾病严重程度、年龄和性别等因素有关。在疾病早期，老年人会在不熟悉的环境中存在定向障碍，随着疾病的发展，即使在熟悉的环境中也会走失。有徘徊行为的失智老年人更容易发生走失。

（2）**照护者因素**：看护不到位是走失行为的主要危险因素之一，很多失智老年人会在缺乏看护措施、照护者睡觉或暂时离开房间的情况下擅自离开。

（3）**环境因素**：养老机构或医院病房设施有漏洞或损坏未能及时修补，夜间噪声大老年人不能入睡，环境嘈杂使老年人烦躁是养老机构内老年人走失的常见原因。居家走失多与老年人独自外出有关。

（4）**时间、天气因素**：有报道指出，大多数走失行为发生在吃早饭之前的凌晨以及晚饭之后与睡觉之前这段时间。天气和气候对失智老年人走失行为的发生频率和生存率也有影响，在温暖的天气中走失的发生率可能会增加，而寒冷的天气能导致较高的走失死亡率。

（5）**管理因素**：养老机构及医疗机构中，护理人员不足，护理人员的评估能力不足，以及工作责任心、服务态度、环境安全管理较差等因素，会给老年人创造走失的机会，具体包括工作人员脱岗、上班注意力不集中、夜间打瞌睡、未锁门、丢失钥匙，门窗等设施损坏等。如果为失智老年人选择机构居住，应考察以上细节是否合格。

52. 失智老年人经常提出“外出要求”，该如何应对

失智老年人的照护者除了保证环境安全和加强看护以外，更

多的是要学习与失智老年人沟通的技巧，了解老年人的内心想法，转移老年人出走的意念。例如老年人外出是为了寻找厕所，应尽早识别老年人的排便需求；老年人要求外出的理由是自己需要出门上班，可以告诉老年人今天是星期天，而不是与老年人争辩，争辩会更加激起老年人的外出需求。老年人出现徘徊、游走等精神行为症状时，加强看护，必要时使用药物约束或物理约束，前提是保证老年人安全。总之，照护者掌握沟通技巧，及时识别老年人心理和生理方面的需求，灵活应对，满足老年人的合理需求，能有效避免老年人走失。

53. 预防老年人走失有哪些方法

（1）**走失风险评估**：建议带老年人到医院记忆门诊或老年科门诊进行走失风险评估，避免失智老年人独处，不让失智老年人独自外出。

（2）**环境的设计和改造**：居家房门可以用钥匙锁上，以免老年人自行出走。养老机构和医疗机构应安装监控和门禁设备，预防老年人出走。为老年人佩戴身份联系卡，注明家人联系电话、老年人基本信息等，例如专为失智老年人设计的特殊黄手环等工具，利用定位通信设备——手机、GPS 定位器等跟踪老年人位置。

（3）**加强看护**：一旦发现老年人有走失风险，老年人居家和外出活动时都要有专人陪护，尤其在老年人参加社会活动时，应加强看护。

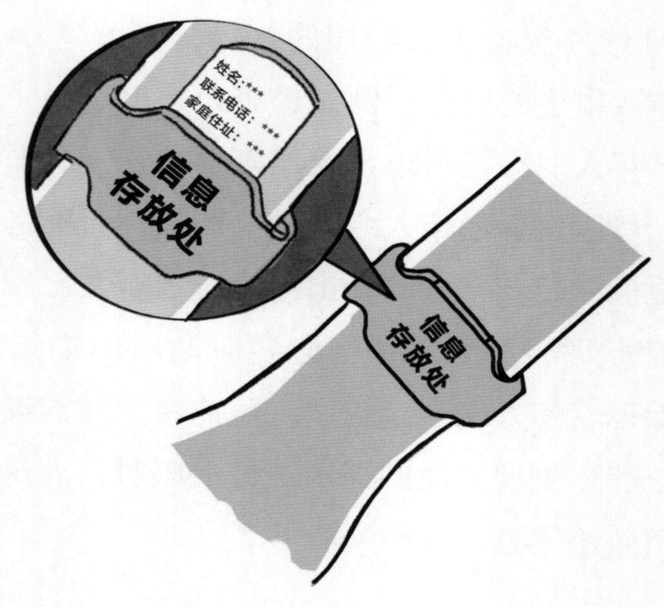

54. 发现老年人走失了该怎么办

居家老年人在家庭或户外走失，家人应第一时间报警，说明老年人最后一次出现的时间、地点，老年人的家庭住址、联系电话，详细描述老年人的外貌特征、衣着配饰等细节。

可以根据老年人的作息习惯，提供任何与老年人去向有关的线索。

家人回忆老年人走失前的言语及活动、近期重要生活事件等，寻找老年人走失的诱因，发掘有关老年人去向的线索。

走失老年人找回后一定不要责备，要仔细检查老年人身体有无受伤，情绪是否平稳，不确定时建议送医院检查。

（马宗娟）

四、饮食安全

（一）应该知晓的食物安全常识

随着年龄的增长，老年人食管、胃肠道平滑肌纤维萎缩，食管蠕动减弱，胃排空减慢，食物通过结肠时间延长；腺体萎缩，胃酸分泌减少，胃蛋白酶减少，胰腺外分泌功能亦下降，各种酶活性降低，导致消化吸收功能减弱。年轻人能够正常消化的食物，老年人未必能正常消化吸收。老年人食用哪些食物有利于身体健康，食用哪些食物不利于身体健康，都应引起老年人的高度重视。

随着人们生活水平的提高，食品安全问题也被大家广泛重视起来。老年人长期养成的饮食习惯、生活习惯也会影响食品安全。老年人口口相传的“生活常识”“饮食常识”，对饮食安全也时有误导。所以，有必要对老年人进行食物安全科普。

55. 应该知晓的食物安全常识有哪些

民以食为天，食以安为先。饮食安全事关每个人的身体健康。老年人消化功能弱，机体免疫调节功能欠佳，尤其应该注意饮食安全。

食物安全贯穿于食物的购买、贮藏、加工、烹饪以及进食的全过程。

去超市购买食物，要注意检查食物的生产日期、保质期，尽量购买生产日期新的食物。保质期短的食物，应注意不要过多购买，以便在保质期内食用完，避免过了保质期食用不安全。

购买食物时，生熟食物也要分开放在购物车内。先购买常温食物，后购买需冷藏冷冻保存的食物，以免食物在回家途中解冻。

贮藏食物时，生的蔬菜、肉类、鸡蛋等要分装后放在冰箱冷藏室或冷冻室底层，可以直接食用的熟食、牛奶、水果等要放在冰箱冷藏室或冷冻室的上层，做到生熟食物分开存放。蔬菜水果选择合适的贮存方法，避免腐烂；粮食类、谷物类、豆类和花生尤应注意贮存方法，避免霉变。

加工食物的厨具、刀具、容器也要生熟分开，避免混用，避免交叉污染。

必须加热食用的食物要彻底煮熟烧透，以杀灭有害微生物，保证食用安全。肉、禽、蛋、海产品尤其注意要煮熟、烧透。

另外，熟食如果在室温放置 2 小时后再食用，要再次加热；从冰箱里取出的生冷熟食、剩饭剩菜，一定要彻底加热。重复加热剩菜剩饭，不要超过一次。

生吃的蔬菜、水果应充分清洗、削皮，以清除细菌、病毒、寄生虫卵、农药、杀虫剂残留，避免感染疾病及发生农药中毒。

56. 应该养成哪些饮食卫生习惯

良好的饮食习惯和卫生习惯是饮食安全的保证。

（1）**饮食有节：**《黄帝内经》云："饮食有节""勿使过之，伤其正也""饮食自倍，肠胃乃伤"。暴饮暴食会使胃过度扩张，加重胃的负担。老年人尤应注意避免一顿吃得太多，少食多餐、七八分饱有助于缓解胃肠压力，尤其适于脾胃功能虚弱的老年人。

吃饭时要细嚼慢咽，以促进食物消化吸收，减轻胃肠负担。愉悦的心情有助于胃液的分泌，所以切忌吃饭时生气。

饮食不宜过寒或过热，过热食物容易灼伤食管，长期食用过热食物，有引起食管癌的风险。冷食，易损胃气，抑制消化酶活性，不利于食物的消化吸收，老年人尤应注意，不宜食用过冷的食物。饮食以温和软烂易消化为佳。

另外，要少吃油炸食品。高温油炸易产生有毒致癌物质，高油脂和高热量物质易导致肥胖，是高脂血症和冠心病的危险因素。老年人脑血管病、糖尿病、高血压、高脂血症多发，尤应注意少吃油炸食品。所以，老年人要养成良好的饮食习惯，少吃油炸食品，多吃新鲜蔬菜水果。

（2）**注意饮食卫生：**饮食不洁，食物中毒，均可致病。老年人消化功能弱，对致病菌抵抗力弱，更应注意饮食卫生。

餐具和厨具要清洁，可使用家用厨具消毒设备，或用餐具消毒液或蒸煮消毒方法消毒杀菌。厨房环境要清洁，洗碗布、抹布也要及时彻底清洗，经常更换。

（3）**注意手卫生：**制作食物、进食都要注意洗手，避免因为用不干净的手拿食物导致病从口入。

57. 隔夜的饭菜能不能吃

很多老年人对粮食格外珍惜，剩菜剩饭不舍得扔掉，隔夜的食物第二天再端上餐桌，继续食用。勤俭节约的优良传统值得肯定，但是一定要以确保饮食安全为前提。

其实不一定过夜，夏天食物常温下放置 2 小时以上，就已经发生明显的变质，不宜再次直接食用；冬天北方室内有暖气，温度并不低。所以四季都应注意，食物放置时间过长，都会发生变质，不宜再次直接食用。食物放置 8 小时以上，尤其是隔了一夜，更应警惕有害物质的产生。

之所以说隔夜菜不能吃，一是因为时间长了，饭菜容易变质，二是因为隔夜菜放置时间长了，亚硝酸盐超标。亚硝酸盐本身不致癌，在胃酸的作用下与蛋白质分解产物二级胺反应生成的亚硝胺具有致癌作用，是引起胃癌、食管癌、大肠癌的致病物之一。亚硝酸盐普遍存在于食物中，蔬菜和腌制食品较其他食物亚硝酸盐的含量更高。

实验表明：4℃冷藏条件下储存 24 小时内的隔夜菜中亚硝酸盐含量基本不变；25℃环境下，12 小时后蔬菜中亚硝酸盐含量明显上升，有的甚至超过了 GB 2762—2017《食品安全国家标准 食品中污染物限量》中规定的腌渍蔬菜的 20mg/kg 的限量指标。特别是烹饪过的叶菜类蔬菜，存在亚硝酸盐超标的食品安全风险。

那隔夜饭菜到底能不能吃呢?

吃不完的饭菜，应提前分装，用加盖容器或保鲜膜密封，2 小时（放凉后）内放进冰箱里 4℃以下冷藏，以抑制细菌滋生，减少亚硝酸盐的产生。第二天可以再次食用。再次食用时一定要彻底加热 5 分钟以上。

不要吃在冰箱放置 2 天以上的剩饭菜。

海鲜、鱼类、绿叶蔬菜、凉拌菜等，应现做现吃，不宜隔夜再吃。

58. 冰箱是不是“保险箱”

许多老年人认为，可以将吃不完的剩菜剩饭放在冰箱里，什么时候想吃拿出来热一下就行，既方便又不浪费食物。有的老年人把吃不完的饭菜，新买的蔬菜、水果、肉类放到冰箱里冷藏或冷冻，想吃就拿出来一点，吃不完再放回去，把冰箱当成“保险箱”。殊不知不正确的冷藏、冷冻方法，同样不能有效保存食物。冰箱不是“保险箱”。

无论是冷藏，还是冷冻，食物都不要存放过久。时间长了，食物仍会腐败变质。

新鲜鸡鸭鱼肉类、自制食品在冰箱冷冻室的存放时间不要超过 1 个月，预包装食品即使在保质期内，最好也不要存放超过 3 个月。冷冻室的温度一定要达到食品要求的冷冻温度，避免冷冻温度不达标，加速细菌滋生，起不到保存作用。温度越低，保存的时间越久。家庭冰箱一般-18℃，既有利于食物速冻保存，相对也更节能。冷冻前最好先将食物分割成小块，分别包装。每次加工前取用小包食物，避免反复冻融导致食物腐败变质，反复冻融也容易造成营养成分破坏丢失。

冷藏室 4~6℃，可以减缓细菌滋生，适宜蔬菜、水果、冷鲜肉等食物存放，冷藏的熟食应彻底加热后再吃。

另外需要注意的是，不要把温热的食物直接放入冰箱冷藏室，食物温度无法快速下降，致病菌大量繁殖，达不到冷藏效果，也会使冰箱超负荷运转，不利于节能。因此，要待食物冷却后再放入冰箱冷藏室存放。

定期清理冰箱也很重要。冷冻室的清理，主要是清理掉多余的冰层，提高冷冻效率。冷冻层的清理应迅速，避免冷冻食物融化，滋生细菌。也可用季铵盐类低温消毒剂喷洒消毒5分钟，再放入冷冻食物。冷藏室更需要勤清理消毒，减少冰箱里细菌的滋生及异味的产生。

59. 如何预防食物中毒

食物中毒，多为细菌中毒、亚硝酸盐中毒、植物生物碱中毒和鱼蟹组胺中毒。老年人生活简朴，饮食上更是不愿将隔夜饭菜、变质水果蔬菜、发芽的土豆等丢掉，认为隔夜菜好好加热一下，坏了的水果挖掉坏的部分，蔬菜多择掉一些坏的部分，土豆挖掉发芽的部分，就可以放心食用了。殊不知，不正确的处理方式有引起食物中毒的风险。

凉菜、剩菜易产生大肠埃希菌、金黄色葡萄球菌等致病菌，尤其是在温度高的季节，微生物生长繁殖速度更快，更易引起细菌中毒，出现腹痛、呕吐、腹泻等胃肠道症状，严重者可出现脱水，电解质紊乱。腌菜、咸菜等过量食用可引起亚硝酸盐中毒，出现腹痛、呕吐、缺氧、呼吸障碍等中毒反应。

加工处理不当的新鲜黄花菜，发芽的土豆，加热不彻底的豆角、扁豆，人吃了会出现恶心、呕吐、四肢麻木等症状，多是没有处理好植物中所含的有毒性的生物碱等引起的中毒。

组氨酸含量高的青皮红肉鱼，如金枪鱼、秋刀鱼等，如果鱼肉不新鲜，人食用后可能出现头晕、心慌、脸红、胸闷等症状。虾、蟹、贝类等加热不当，人食用后也可因细菌超标或组胺堆积引起中毒，出现恶心、呕吐、头痛、头晕、腹痛、腹泻，甚至皮疹、瘙痒、水肿、哮喘等症状，严重者呼吸困难、昏迷、休克，危及生命。

预防食物中毒，首先要做到注意个人卫生，饭前、便后洗手。其次要保证食材卫生，购买新鲜的食材，储存方法得当，减少细菌滋生。最后加工食材时要生熟分开，凉热菜的案板、刀具分开。食材要充分加热熟透后再食用。

加工豆角、扁豆类蔬菜，一定要熟透以彻底破坏生豆角中的皂苷和血凝素。

生大豆中含有胰蛋白酶抑制剂，可抑制人体蛋白酶活性，刺激胃肠道，如果生豆浆没煮开热透，人喝了极易引起中毒反应，所以豆浆也一定要煮熟煮开后饮用。

土豆发芽皮肉变绿时，有毒生物碱——茄碱含量大大增加，食用易中毒。刚发芽的土豆，应彻底挖去芽和芽眼周围的部分，切好后放在水中泡半小时以上，以去除毒素。发芽部分多的、变质变软的土豆不可食用。

隔夜蔬菜、腌制食品中的亚硝酸盐含量较高，不建议食用。

60. 食物“相生相克”有没有道理

许多老年人之间，经常流传着一些食物相生相克的“知识”，说哪些食物一起吃有好处，哪些食物不能一起吃，否则会中毒等。

相生相克是中医基础理论五行学说的主要内容，用以说明事物之间存在着生化克制的辩证关系。

2018 年 3 月 15 日，中央电视台“3·15”消费者权益日晚会澄清“食物相克”谣言，生活中流传的“食物相克”的说法大都没有科学依据，即使是不同食物中某些成分遇到可能会发生化学反应，产生对人体有害的物质（致癌物例外），但其含量都不足以让人中毒，抛开剂量谈毒性，只能是危言耸听，况且许多化学反应并不能在人体内发生。所以，应该理性和科学地认识“食物相克”的说法。

所谓的“食物相克”，更多是指食物的营养成分被破坏或者说一些致病因素会产生叠加效应，会引起消化道负担加重或不适。老年人脾胃功能弱，尤其应注意这些不适合一起食用的食材，避免损伤脾胃运化功能。比如加工菠菜、油菜、小白菜等草酸含量高的蔬菜时，应焯一下水，降低蔬菜中草酸的含量，减少草酸钙的生成；避免同时大量食用高嘌呤食物，如啤酒和海鲜等。

那“食物相生”有没有道理呢？所谓相生，就是食物搭配有相互促进功效的作用，从而达到 1 加 1 大于 2 的效果。许多食物，具有良好的药用价值，比如山楂调血脂，薏米、芡实、红小豆祛湿，绿豆清热解毒，这叫药食同源。许多食物一起食用会起到一定的协同作用，长期食用，对机体的调理有一定的好处。不同体质的人喜欢吃的食物也不一样，要因人而异。平时做到膳食均衡，营养搭配合理即可。

61. 常见的饮食禁忌有哪些

饮食禁忌也是中医学的内容。传统中医学认为，食物的性味不同，人体体质各异，因而人们对饮食的需求和禁忌也不同。

饮食禁忌是指人在摄食时应注意哪些食物不宜食用或禁止食用，又称“禁口”或“忌口”。“忌”指不宜，“禁”则为禁止，统称禁忌。许多老年人体质虚弱，多种慢性病共存，因而脾胃虚弱，运化欠佳，对许多食物不能耐受，吃了会不舒服，所以就有了许多饮食禁忌。具体饮食禁忌不能笼统而论，需要因人、因病而异。尤其是患病服药期、疾病恢复期以及日常慢性病服药期间都应注意饮食对机体的影响。

（1）**不宜过食肥甘厚味**：所谓肥甘厚味，一般是指非常油腻、甜腻的精细食物或者味道浓厚的食物。肥者含脂肪多，甘者含糖多，厚味者，味道浓厚，过甜、过咸，食盐超标，过量食用容易造成肥胖、血脂增高、血管硬化，引发高血压等心脑血管疾病。老年人更是糖尿病、心脑血管疾病高发人群，切记不宜过食肥甘厚味。

（2）**不宜过食生冷辛辣**：老年人胃肠功能弱，不耐受寒热，尤其是脾胃虚寒者，不宜食用冰冷饮食，以及过多的生蔬菜和瓜果。阴虚内热或心肝火旺者，不宜食用葱、蒜、韭菜、辣椒、酒等辛辣之物。

（3）**不宜食用腥膻发物**：老年人免疫功能常有异常，过敏体质、易发斑疹疮疡者不宜食用鱼、虾、蟹、羊肉等腥膻之物。所谓发物，指能引起旧疾复发、新病加重的食物。除鱼、虾、蟹、羊肉等腥膻之物外，也包括辛辣之物，过敏性哮喘、鼻炎、皮炎等慢性病患者不宜食用。

另外，现代医学也有许多明确的饮食禁忌，尤其是一些特殊疾病患者。如高血压、慢性心力衰竭、水肿的患者应少吃盐，少食咸的东西，严格限制钠盐摄入，避免钠水潴留，加重水肿；肝硬化、肝硬化合并有食管-胃底静脉曲张的患者，忌食坚硬、粗糙之物，如玉米、带皮大枣、粗粮煎饼等，以免粗糙、尖锐之物刺破胃、食管黏膜上曲张的静脉血管，导致大出血；肾功能衰竭患者，要严格限制蛋白的入量，饮食应以少量优质蛋白为主。

（李金辉）

（二）如何预防呛咳、误吸

62. 如何区分呛咳与误吸

呛咳是指异物（水、食物等）进入气管引起咳嗽，突然喷出异物。相信很多人都有过在进食、喝水时被呛着的经历，随着一阵剧烈的咳嗽，异物被排出，继续进食、喝水不会有后续症状，多数人不会在意。随着年龄的增长，人体运动的灵活性及灵敏度下降，逐渐出现运动迟缓和反应减慢，呛咳现象在老年人中时有发生，随着异物自气管排出，呛咳随即减轻，直至停止，不会出现发热等症状。

误吸是指异物（水、食物等）进入下呼吸道，引起咳嗽、咳痰和发热等症状，多见于吞咽功能障碍、意识水平降低的老年人。

吞咽功能障碍是指由于下颌、双唇、舌、软腭、咽喉、食管等器官结构和/或功能受损，不能安全有效地把食物输送到胃内。

在日常生活中应随时观察老年人的进食、饮水情况，如发现进食、饮水后连续出现呛咳，吞咽费力，进食后说话声音、呼吸状态改变或喉部上下运动不完整等，都应高度怀疑有吞咽功能障碍，间接提示可能发生了脑卒中，须及时拨打 120，为脑卒中的早期治疗赢得宝贵时间。

意识水平降低也就是老百姓常说的“不明白了、糊涂了”，可表现为非睡眠时间处于睡眠状态，叫不醒。也有些老年人出现嘴里含着饭忘了下咽的情况，这时如果再往老年人嘴里喂食物，极易引发误吸。正确的做法是提醒老年人把嘴里的食物咽下去，如果老年人不能完成吞咽，须尽快掏净其口中的食物，及时就诊。

63. 反复得肺炎不要都用“着凉”来解释，也许发生了隐性吸入

李爷爷年老体弱，基本不出家门，经常咳嗽、咳痰还发热，反复得肺炎。家人和资深护士聊天后找到了原因。

家人抱怨：“你说老爷子又不出门，怎么老‘着凉’啊？每次都是肺炎，真是愁死了。”

资深护士：“老爷子吃饭、喝水时咳嗽吗？”

家人：“也不怎么咳嗽，就是吃得特别慢，饭在嘴里含半天才咽，有时候还吃一口饭就喝一口水。”

资深护士：“从您的描述初步判断老爷子的吞咽功能有所下降，咽反射迟钝，在吞咽过程中有少量食物或水进入呼吸道，滞留在会厌谷、梨状隐窝处的食物或水误入呼吸道，但都无明显的咳嗽，我们称为隐性吸入，不易引起家人的重视。希望您提醒老爷子吃饭、喝水后，再空咽几次，就是在嘴里没有食物的情况下做吞咽动作，减少滞留在会厌谷、梨状隐窝处的食物或水，从而减少肺炎的发生。”

通过上面这个小故事，我们可以认识到老年人反复得肺炎，可能是由于吞咽功能下降，发生了隐性吸入。通过实施不同的吞咽策略，能减少隐性吸入的发生。

（1）**空吞咽**：每次吞咽食物、饮水之后，在口腔内无食物、水的情况下，再做几次吞咽动作，防止滞留在会厌谷、梨状

隐窝处的食物或水误入呼吸道。

（2）**点头伴空吞咽**：在口腔内无食物、水的情况下，颈部先后伸，继之尽量前屈，形似点头，同时做吞咽动作，去除滞留在会厌谷、梨状隐窝处的食物或水。

（3）**交互吞咽**：每次吞咽食物后饮少量的水（5~10ml），既有利于刺激诱发吞咽反射，又能去除滞留在会厌谷、梨状隐窝处的食物。

64. 为什么说老年人“食不语”更重要

“食不语”出自《论语·乡党》，意思是吃饭的时候要认真吃饭，不要讲话。这不仅仅是礼仪的具体表现，同时还符合养生要求，吃饭时讲话容易发生呛咳、误吸，安静地细嚼慢咽还有利于食物的充分消化吸收。

看似简单的吞咽过程，却是人体最复杂的躯体反射之一，需要在脑干的吞咽中枢控制下，由多器官（20 块肌肉、10 条神经）协调共同完成。每人每天约进行 600 余次有效吞咽。随着年龄的增长，人体运动的灵活性及灵敏度下降，逐渐出现运动迟缓和反应减慢，对吞咽过程的控制能力也随之下降，各系统间的协调功能下降，导致老年人同时做两件事比较困难。边吃饭边看电视，边吃饭边看手机，边吃饭边说话、大笑等极易发生呛咳、误吸。

另外，部分老年人集中注意力的时间有所缩短，不能长时间专心完成一件事。有些老年人，在吃饭时把饭菜喷到桌子上，但是没继发咳嗽等症状，这多是由于他想说话，但是忽视了口腔内食物的存在。甚至有些老年人吃着吃着就忘了咽，如果共同进食者不了解老年人，不经意间会有表情的变化，老年人多数能敏感地捕捉到周围人的表情变化，可能会拒绝与家人共同进餐，严重者可能出现心理问题。

安静地细嚼慢咽有利于食物的充分消化吸收，减少呛咳、误吸的发生。所以说老年人“食不语”更重要。

65. 进食、饮水后说话变声是怎么回事

进食、饮水后出现说话变声，表现为声音嘶哑，好像每个字都是从水里冒出来的，医学上称为湿音。吞咽时要使食团或水顺利、安全通过口咽部，需要一组肌肉高度协调地序贯收缩，其中某一环节出现问题，就会造成食物或水滞留或残留在会厌谷或梨状隐窝，说话时气流使残留的食物或水发生震动，造成说话变声，是吞咽功能障碍的临床表现之一，一定要高度重视，及时就医。

预防进食、饮水后说话变声，须做到以下几点。

（1）进食后及时使用清水漱口，清理口腔内的食物残渣，如老年人自己不能自觉完成，家人或照护者要进行提醒；如老年人自己不能完成，家人或照护者须协助完成。养成早晚刷牙的好习惯。戴义齿者，进食后须摘下义齿清洁及漱口后重新佩戴。睡觉时把义齿浸泡在清水中。

（2）使用吞咽策略（见第 63 问）可减少湿音的出现。

（3）口腔及咽部有分泌物时要及时清除。可鼓励老年人咳嗽，咳出分泌物，也可以使用勺子、纱布等协助清除，甚至使用吸引器吸出分泌物。

（4）锻炼喉部肌群，简单地说就是发单音，如“啊——”等。

66. 通过喝水诱导咳痰可行吗

前面讲到误吸就是水或食物进入呼吸道，出现咳嗽、咳痰。通过喝水诱导咳痰显然是个错误的做法。

正确的做法是鼓励老年人咳嗽，把痰咳出来，如果痰液黏稠不易咳出，可遵医嘱使用祛痰药，必要时可以辅助雾化吸入局部给药，稀释痰液，方便把痰咳出来。也可以通过叩背、体位排痰等方法协助排痰。

（1）**雾化**：雾化的作用之一就是稀释痰液，以利排痰。雾化时老年人一般取坐位。所用物品包括雾化器及管路，将药液注入雾化器的药杯里，连接雾化器并调节流量，佩戴好雾化器后，指导老年人用嘴吸气，用鼻呼气，类似于吸烟的动作。每次雾化时间为 15~20 分钟。雾化后关闭电源，用流动水冲洗雾化器的药杯及管路，晾干备用。如雾化期间出现憋气等不适症状可调小雾化流量，如不能改善须立即停止雾化。雾化后最好进行叩背，以利痰液排出。

（2）**叩背**：叩背排痰是指通过胸壁震动气道使附着在气道内的分泌物脱落，通过咳嗽将痰排出体外。叩背操作时五指并拢，手背隆起呈空心状，手指屈曲，由下至上，由两侧向中间有节奏地、均匀地稍用力叩击背部。

（3）**体位排痰**：适用于因体虚、高度疲劳等不能咳痰者。取健侧头低脚高卧位，卧位不要太死板，以老年人能接受的体位为宜，鼓励适当咳嗽，同时可辅以叩背。每次 15~30 分钟，每天可做 3~4 次。最好选在进餐前进行，避免因体位排痰诱发呕吐。体位排痰时注意观察老年人的情况，如出现发绀、出汗、头晕、乏力等应立即停止操作，以免发生危险。

67. 老年人喝水呛咳，喝奶就没事，是怎么回事

利于吞咽的食物特征是密度均匀，有适当的黏性，容易形成食团，水显然不具备上述特征，所以对有吞咽功能障碍的老年人来说，喝水最易发生呛咳。在水中适量添加增稠剂、藕粉等可以增加水的黏稠度，减慢水在口腔内流动的速度，减少因液体流速过快而进入呼吸道发生隐性吸入的风险。

研究表明，针对轻度吞咽功能障碍饮水容易呛咳的老年人，添加增稠剂为老年人提供易变形、不易残留、不易松散的胶冻状或糊状食物，可以帮助老年人恢复吞咽功能，重建吞咽反射，减少吸入性肺炎的发生率。其核心问题是吞咽的安全性和有效性，因此事先做好吞咽评估是非常必要的。

容积-黏度测试（V-VST）可评估老年人进食的有效性和安全性。根据评估结果可以将经口摄入的液体的性状进行分级，有利于家属（照护者）给老年人准备饮食时选择适合的黏稠度。

测试具体步骤如下。

第一步：饮用糖浆稠度的液体（特点是可以在吸管的帮助下吸入，倾倒时呈细流状，类似蜂蜜），顺序饮用 5ml→10ml→20ml。如果老年人均能顺利咽下则进行第二步；饮用任何容积的糖浆稠度的液体发生咳嗽、说话声音改变等现象，应立即停止，进行第三步。

第二步：测试饮清水，顺序饮用 5ml→10ml→20ml。如果老年人均能顺利咽下可正常饮水；饮用任何容积的清水发生咳嗽、说话声音改变等现象，须立即停止，进行第三步。

第三步：进食布丁状稠度半固体（无法在吸管的帮助下吸入，倾倒时成块状，类似嫩豆腐），顺序进食 5ml→10ml→

20ml。如果老年人均能顺利咽下可进食黏稠的食物；进食任何容积的布丁状稠度半固体发生咳嗽、说话声音改变等现象，须立即停止，建议向专业护理人员寻求帮助。

如进食/饮水时出现咳嗽、说话声音改变，吞咽过程的安全性下降，可能已经发生误吸。部分老年人可安全吞咽，但吞咽过程中出现唇部闭合不完全，吞咽后口腔存在残留物，吞咽后咽部存在残留物，一口饭或水要分 2 次或更多次咽下，均提示老年人摄取营养和水分的能力降低。

68. 如何预防呛咳、误吸的发生

（1）老年人进食、饮水时尽量取坐位，身体前倾，头前屈，吃药时不要抬下颏；不能坐者取半坐卧位，头向前屈，可以使用枕头垫起肩部；绝对卧床者取侧卧位或头偏向一侧的仰卧位；面瘫者头偏向健侧，将食物放入健侧。

（2）有吞咽功能障碍的老年人要选择密度均一、有适当黏性、不易松散、易变形的食物，不是越碎的食物越好，适当增加水的黏稠度，以利吞咽。

（3）一口 10ml 左右（1 小勺）为宜。水杯最好选择矮胖的，勿图方便用吸管。

（4）细嚼慢咽对每个人都很重要，每餐时间在 30 分钟左右，勿催促。

（5）进餐时需集中注意力，不要看电视、刷短视频及聊天等。

（6）每餐后空咽数次去除咽部残留的食物，清水漱口、清洁义齿，去除口腔内的食物残渣。

（于冬梅）

五、用药安全

（一）应该知晓的合理用药小常识

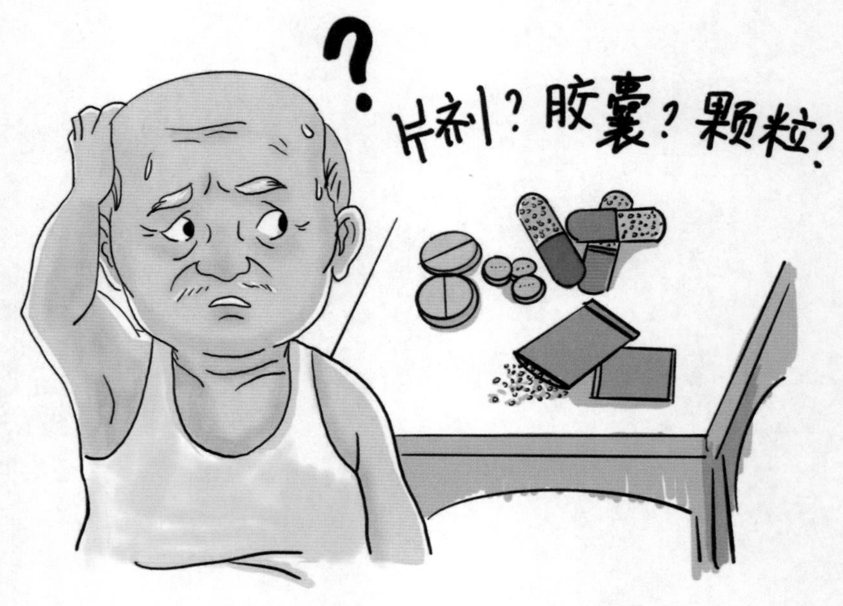

69. 片剂、颗粒和胶囊等剂型有什么区别

生活中经常遇到这样的情况：同一种药物有不同的剂型，比如降压药硝苯地平，既有硝苯地平片，又有硝苯地平缓释片、硝苯地平控释片；解热镇痛药布洛芬，既有布洛芬缓释胶囊、布洛芬胶囊，又有布洛芬混悬液、布洛芬颗粒、布洛芬泡腾片、布洛芬凝胶等。这里所说的片剂、缓释片、控释片、胶囊、混悬液、颗粒等就是同一种药物被制成了不同的剂型，其目的主要是方便使用和存储，减少药物不良反应，提高疗效等。

普通片剂是最常见的剂型，成本低，携带方便，但是儿童和有吞咽困难的人无法服用。缓释片是一种有特殊设计的剂型，药物可以缓慢释放，比普通片剂释放更持久，因此可减少服用次数，例如氯化钾缓释片是由药物氯化钾和蜡质骨架组成，这种特殊的骨架材料使得药物可以缓慢释放，而骨架材料不会被吸收，会从大便排出，所以服用这种药后，如果在大便中看到白色药片请不要担心，这是正常现象，并不是药物没有被吸收，而是药物被吸收后排出了骨架材料。

控释片同样也是采用了特殊技术，控制药物在一定时间内以固定的速度释放，使得疗效更平稳。除有特殊说明，缓释制剂、控释制剂都不能嚼碎、掰开服用，只能整片服用。

分散片和口服泡腾片都能在水中迅速崩解形成药物溶液，方便吞咽困难的患者服用，药物吸收较快。分散片还可直接含于口中吮服或者吞服，但泡腾片不能直接口服，应放入凉开水或温开水中，等气泡完全消失、药物完全溶解后服下。

胶囊剂是把药物密封在软质的囊材中，可以掩盖药物的不良气味，防止药物风化、受潮或者变质。当然，有些特殊的胶囊也可以起到缓释、控释药物的作用。

颗粒剂是把药物制成颗粒状，可以直接服用或者用水冲饮，方便吞咽困难的人服用。

老年人可以根据需要在医生的指导下选择方便使用的药物剂型，同时关注药品说明书，详细了解药品的使用方法，正确使用不同剂型的药品。

70. 加量服用药品效果会更好吗

服药剂量直接影响体内的血药浓度，保持一定的血药浓度是药物发挥作用的必要条件。服药剂量太小，血药浓度过低，不能达到治疗效果；服药剂量过大，血药浓度太高，未必能增加药物疗效，反而可能引起药物在体内蓄积，引起药物不良反应，甚至中毒。药品上市前都会经过一系列科学的临床试验来确定服药剂量，一天服用几次，一次服用多少，也就是药品说明书上推荐的用法用量。一般情况下按照这个推荐的剂量服用，既能发挥临床疗效又可以保证安全，医生也是参考药品说明书的推荐剂量为患者开具处方的。但是药物在每个人体内的吸收、分布、代谢情况各有不同，所以很多患者服用药物后可能需要根据具体情况对剂量进行调整。调整药物剂量需要医生或药师等专业人士的指导。

随着年龄的增长，老年人的各组织器官功能逐渐减退，药物在体内的代谢、排泄过程会与年轻人不同，老年人用药多从小剂量开始，如果效果不佳，可在医生、药师的指导下逐渐增加剂量，最终达到合适的服药剂量。但是，非专业人士切不可为了提高疗效而自行增加药量，防止药物剂量过大引起毒性反应。

71. 镇痛药能不吃就不吃，因为会上瘾，果真如此吗

疼痛是与组织损伤或者潜在组织损伤相关的感觉、情感、认知和社会维度的痛苦体验。疼痛很常见，是继呼吸、脉搏、血压、体温之后的第五大生命体征。一般来说，疼痛的产生就是提示人的身体面临着损害或者存在某种疾病，应该加以重视，及时就医、积极治疗，防止身体遭受更大或更长久的损害。随着原发病的治愈，疼痛会消失。如果是手术后出现的急性疼痛，应该积极地进行预防性镇痛来缓解，如果初发时不能有效控制，则可能发展为慢性疼痛。慢性疼痛是一种疾病，患病人数很多，影响人的情绪、睡眠。

很多老年朋友排斥镇痛药的使用，因为担心镇痛药成瘾，服用后便再也停不掉。这其实是一个误区，并不是所有镇痛药都具有成瘾性。非阿片类镇痛药，主要有对乙酰氨基酚、非甾体抗炎药，例如阿司匹林、布洛芬、双氯酚酸钠等，这类药物是没有成瘾性的。阿片类镇痛药确实有成瘾性，但是疼痛对成瘾具有拮抗作用，就是说没有疼痛症状的人用于吸毒服用阿片类药物，则可能成瘾。国内外大量的临床研究都证明，在医生的指导下合理使用阿片类药物进行癌症患者的疼痛镇痛，成瘾的概率是很低的，也不会产生呼吸抑制，长期使用阿片类药物也是安全的。因此，癌症患者要善于利用镇痛药来提高生存质量，不要把镇痛药看成洪水猛兽，科学合理地使用镇痛药几乎是不会成瘾的。

72. 每日服用三次的药物，是随三餐服用的意思吗

很多药物的服法是每日三次，人们就会理解为早、中、晚各一次，或者随三餐服用，其实并不完全正确。一般来说，每日三次其实是指 24 小时内服用三次。为了不影响睡眠等生活作息的规律，可以在睡前和晨起各服用一次，白天再服用一次，尽量保持服药间隔在 8 小时，这样可以使体内的血药浓度更加平稳。

然而，很多药物比较特殊，确实需要随三餐服用。如降血糖药阿卡波糖通过影响食物中的碳水化合物的吸收来降低餐后血糖，因此要在餐前立刻服用或与前几口食物一起咀嚼服用。有一些药物是脂溶性的，和含有脂肪的食物在一起才会得到更好的吸收，这样的药物需要和食物同服，比如抗真菌的伊曲康唑。还有一些药物，对胃肠道有刺激，可能引起恶心等不适症状，也需要

与食物同服来减轻消化道的不适。此外，治疗消化道疾病的药物对服用时间有特殊要求，需要引起注意：抗酸药碳酸氢钠片餐后1~2 小时服用效果好，因为此时是胃酸分泌高峰；复方氢氧化铝为了避免食物的影响，最好餐前 1 小时或者睡前服用；胃黏膜保护药如硫糖铝可以在胃肠黏膜形成保护膜，建议餐前 0.5~1 小时或睡前服用；助消化的复方消化酶应当餐后服用，缓解患者由消化酶缺乏引起的消化不良；促胃动力药莫沙必利、多潘立酮应当在餐前15~30 分钟服用，增强胃肠的收缩力从而加速胃排空。

选择何时服用药物需要参考药品说明书或者遵照医生、药师的指导，只有选择正确的服药时间，才能更好地发挥药物疗效。

73. 消炎药、抗生素、抗菌药是一回事吗

生活中常常会听到这样的说法：“嗓子痛，有炎症了，得吃点消炎药。”“拍了片子，得了肺炎，需要抗菌药治疗。”“不能滥用抗生素。”消炎药、抗菌药、抗生素其实不能混为一谈。

消炎药，顾名思义，作用是消除炎症。炎症是人的身体对于刺激的一种保护性防御反应，主要表现为红、肿、热、痛、功能障碍等。炎症可能是由病原体感染引起，也可能不是。一般来说，炎症是有益的，是身体自动的防御反应，但是过度的炎症反应可能对身体自身进行攻击，对身体产生有害作用。

对于细菌引起的感染性炎症，可以使用抗菌药物，如青霉素类的阿莫西林、头孢菌素类（俗称头孢）的头孢呋辛等杀灭或抑制细菌生长，从根本上消除感染，从而消除炎症。从这个角度来说，抗菌药可以消除感染性炎症产生的原因，但抗菌药并不是消

炎药，并不能直接抑制炎症反应的发生。

对于非感染性炎症，可以选择消炎药来缓解炎症的疼痛，如布洛芬、双氯酚酸钠等。对于一些自身免疫问题引发的炎症，需要使用糖皮质激素类的抗炎药，如泼尼松、地塞米松、甲泼尼龙等，因为这类药物可以抑制自身免疫功能。

而抗生素是指微生物或高等动植物产生的具有抗病原体作用的代谢产物，有天然抗生素和人工合成抗生素。常用的青霉素、阿莫西林、阿奇霉素、庆大霉素、氯霉素等都是抗生素，也都是抗菌药，还有一些抗生素如表柔比星、丝裂霉素等具有抗肿瘤作用，用于癌症的治疗。

74. 如何识别药品不良反应

正规药品在合理使用的情况下，药物浓度会保持在一个既能治疗疾病又相对安全的范围内，一般都是很安全的。但是由于药物、人体等多方面的原因，药物在每个人体内的过程存在差异，导致了同一药品不同人使用后产生的作用并不完全相同。合格的药品在正常的用法用量治疗疾病的同时，产生的与治疗目的无关的有害反应，就是药品不良反应。可以从以下几个方面判断是否发生了药品不良反应。

第一，有害反应出现的时间是否恰好与用药时间相吻合，即用药后发生的，未用药时并未发生，停药后反应消失。

第二，出现的有害反应是否符合药品已知的不良反应，这需要查看药品说明书中不良反应项的内容。

第三，停药后有害反应是否减轻或消失。

第四，有害反应消除后，再次使用同一药品、同样剂量，采用同一给药途径后是否出现了相同的有害反应。

第五，判断出现的有害反应是否可能是同时使用的其他药物引起的，是否可能由所患疾病或并发症引起。

前四个问题中，答案为是的越多，那么发生了药品不良反应的可能性越大，第五个问题和前四个问题相反，答案为否的话，更可能是药品不良反应。如果用药后出现了有害反应，应当立即就医或咨询专业人士，防止伤害继续增大。可以通过一些方法降低药品不良反应发生的风险：如减少服用药品的种类，因为用药品种越多，发生不良反应的概率也越大；认真阅读药品说明书，严格按照医生和药师的指导或药品说明书用药，不得超量、超疗程用药，尤其对从未使用过的新药更是如此，有疑问及时询问医生或药师。就医时应向医生详述自己目前正在使用的药物和平常偶尔可能会使用的药物，以便医生结合具体情况开具处方，避免新处方的药物与既往使用的药物出现相互作用。

（李影影）

（二）常见的用药注意事项

75. 使用滴眼液需要注意什么

（1）使用滴眼液前，要先清洁双手。选取坐位，将头部向后仰，眼睛向上方望，用拇指和食指把下眼睑（结膜囊）拉成“口袋”形状，从眼角滴入一滴滴眼液，注意滴药时滴眼液管口应距离眼睑 2~3cm，不要触碰到眼睑或睫毛，以防止污染滴眼液。结束后，同样的操作，滴另一只眼，然后轻轻闭上双眼，休息 1~2 分钟，如果有滴眼液溢出可用干净的纸巾或者药棉擦净，同时用食指和拇指轻轻按压内眼角位置。

（2）人的眼睛到鼻子有一条细的管道即鼻泪管，按压内眼角位置可以防止滴眼液从鼻泪管分流到口腔中，因为滴眼液流到口腔会引起不适，同时也会减少留在眼部的滴眼液药量，影响疗效。

（3）如果眼中有分泌物，应将眼中的分泌物清洁干净后再使用滴眼液，否则会影响药物发挥作用。如果同时使用两种滴眼液，应间隔 10 分钟以上。

（4）有人以为多滴几滴滴眼液可能效果会更好，其实不然。人的结膜囊最大容量约为 30μL，通常每滴滴眼液的体积约为 40μL，也就是说一滴滴眼液就足够了，多滴几滴滴眼液并不会增加眼部的药量，只会让滴眼液从眼角流出，不仅造成浪费，也可能增加不良反应的发生。

（5）如果需要长期使用滴眼液，应在医生的指导下选择毒副作用较小的滴眼液或者不含防腐剂的滴眼液。滴眼液不宜多次打开使用，如果滴眼液出现浑浊或者变色则不能再使用。

滴眼液是无菌制剂，一般通过添加抑菌剂也就是我们说的防腐剂达到抑制滴眼液中细菌生长的目的。长期使用滴眼液，其中的防腐剂可能对眼表结构造成不同程度的损害，引起结膜炎、干眼、眼睛疼痛等不适症状，但是，只要正确合理使用滴眼液，一般都是安全的。

76. 使用降血脂药需要注意什么

首先，生活方式直接影响血脂情况，良好的生活方式是控制血脂异常的基础。单纯运动和饮食控制可以使胆固醇降低 7%～9%，即使服用降血脂药也要坚持合理健康的饮食方式和规律的运动。如控制总摄入量，一般来说，女性每日主食不超过 200g，男性每日不超过 300g；减少饱和脂肪酸的摄入，少吃或者尽量不吃肥肉，每天烹调用油少于 25g；增加不饱和脂肪酸的摄入；减少胆固醇的摄入；不吃或者少吃动物内脏；每天食用蔬菜 300～500g。世界卫生组织建议老年人在自身能力允许的范围内进行身体活动，并根据自己的健康水平调整活动强度，如每周进行 150～300 分钟的中等强度有氧活动，或 75～150 分钟的高强度有氧活动，还可以将等量的中等强度和高强度的身体活动相结合，来获得巨大健康收益。鼓励老年人进行多样化的身体活动，侧重于中等或更高强度的功能性平衡和力量训练，每周 3 天或 3 天以上，以增强功能性能力，防止跌倒。需要注意量力而行，最好在制订任何新的锻炼计划之前，咨询专业医生。

其次，大部分血脂异常的患者在进行了恰当的药物治疗 4~6 周后，血脂可以降至目标水平。应定期监测血脂水平，如果血脂水平没有达标，可能需要调整药物剂量或者联合其他种类的降血脂药。血脂达标后仍应坚持长期服药，没有特殊原因不应停药，因为停药会导致血脂升高甚至反跳，将明显增加心血管事件发生率和死亡率。

最后，开始降血脂治疗前，要明确复查的频率以及所服药品可能出现的不良反应症状，方便按时复查和及时发现药品不良反应。他汀类药物是最常用的降血脂药品，在开始服用他汀类药物治疗前和治疗后 4~8 周应监测肝肾功能情况，如果无异常，则可慢慢增加到每 6~12 个月复查，如果转氨酶超过 3 倍的正常上限，应暂停服药，并每周复查肝功能至正常为止。如果轻度肝功能异常，转氨酶未超过正常上限的 3 倍，可继续服用他汀类药物，可能转氨酶会自行下降。服用他汀类药物之前还应监测肌酸激酶情况，如果治疗期间出现肌肉不适、无力或排褐色尿，也应监测肌酸激酶，经专业医生判断确实发生了肌炎，则应停止他汀类药物治疗，后续根据情况重新评估是否可以再次使用他汀类药物。老年患者服用较大剂量的他汀类药物时可以关注是否出现血糖升高的情况，如出现血糖升高应及时就诊。绝大多数患者是可以耐受他汀类药物的，但是一定要遵照医嘱定期复查，规律监测。

77. 使用降血糖药需要注意什么

糖尿病治疗的近期目标是通过降低高血糖和减少代谢紊乱来

消除糖尿病症状、防止出现急性并发症，远期目标是通过良好的代谢控制预防慢性并发症、提高患者生活质量、延长寿命。

糖尿病患者的日常行为和自我管理能力是影响糖尿病控制状况的关键因素之一。因此，糖尿病患者在开始降血糖治疗后，应认真学习糖尿病相关知识，比如糖尿病的自然进程、临床表现、危害，如何防治急慢性并发症等，熟悉血糖控制的治疗目标、生活方式干预措施和饮食计划，规律运动的方式、方法，口服药的用法用量、胰岛素治疗及规范的胰岛素注射技术等。只有充分认识糖尿病并掌握糖尿病自我管理知识，才能更好地配合治疗，做到定期复查，从而提高病情控制水平，最终达到治疗目的。

按时按量使用药物，平稳控制血糖，同时也应做好体重和日常饮食的控制，遵从医生或者营养师的建议，按照每日所需热量安排饮食，碳水化合物占每天能量所需 45%～60%，优先选择血糖指数低的食物，多吃蔬菜，控制水果的摄入量等。

在降血糖治疗过程中，可能出现低血糖现象。低血糖不仅会导致不适引起生命危险，同时也是血糖达标的主要障碍，应该引起特别注意。

未按时进食或进食过少、腹泻、呕吐、空腹喝酒、运动量增加都可能导致低血糖发生，糖尿病患者应常规随身备有碳水化合物类食品，一旦出现心悸、焦虑、出汗、头晕、手抖、饥饿感、神志改变、认知障碍、抽搐和昏迷等低血糖症状应立即食用。

老年患者发生低血糖时常表现为行为异常或其他非典型症状。经常自测血糖或者进行动态血糖监测，既能评估疗效也可以及时发现低血糖。糖尿病患者血糖 <3.9mmol/L，就需要补充葡萄糖或含糖食物。

此外，对于一些存在心血管病风险的糖尿病患者还应同时进行降血压、调节血脂、抗血小板治疗，以预防糖尿病患者心血管事件和微血管病变的发生。

78. 避免漏服药物的方法有哪些

按时按量服用药物才能保证药物在体内的浓度保持在有效治疗需要的浓度，从而达到治疗疾病的目的。漏服药物会增加疾病治疗的难度，抗感染类药物如果漏服，体内的血药浓度便会下降，如果低于抑制或杀灭病原体的浓度，则会给病原体恢复生长繁殖的机会，加速病原体耐药的产生；降血糖药、降压药漏服，会导致血糖、血压升高，不利于慢性基础病的控制，增加健康风险。因此，应当按照医生的医嘱按时按量服用药物，尽量避免漏服药物。

以下有几个避免漏服药物的小方法。

（1）在就诊时，建议医生开具处方时选择每日服用一次的药物，比如一些缓释制剂、控释制剂，服药次数少，可以从一定程度上减少漏服的概率；尽量减少服药的种类，种类越多，发生药物间相互作用的可能性就越大，发生药品不良反应的可能性也越大，需要服用的药物种类越少，发生漏服的概率也会减少。

（2）通过提醒来避免漏服药物，如身边的亲人提醒，手机、智能手表等电子设备设置提醒，通过一些应用软件进行提醒，也可以使用传统的闹钟进行提醒。

（3）通过分装药盒将需要服用的药品按顿分好也是一种方法，但是要注意不要分装过多的药品，分装后的药品也要符合药品的存储条件，如果有需要冷藏保存的药品，则不宜分装放在常温环境下保存。

此外，把药品放在显眼的位置、做服药记录也可以帮助老年人避免漏服药物。

79. 一旦忘记服药该如何补救

在药物治疗过程中，不严格按照医嘱服药，忘记服药的情况时常出现。老年朋友可能同时患有多种慢性病，长期服用多种药物进行治疗，难免有忘记服药的时候。如果忘记服药，要具体情况具体分析，判断是否需要补服以及如何补服。

从时间上来说，如果发现漏服时已接近下次服药时间，那么可以不必补服，切不可服用双倍的剂量，因为加量服用药物可能产生不良反应，尤其像氨茶碱、地高辛、丙戊酸钠这些药物，毒副作用强，治疗窗窄，即治疗浓度和有害浓度比较接近，如果服用剂量过大可能会产生危险。

如果发现漏服时离下次服用药物时间间隔较长，超过服药间隔的一半，那么可以尽快补服一次。

如果漏服的次数很多，比如连续多日未服，则需要就医咨询医生或药师，尤其一些药物的治疗过程是从小剂量开始，逐渐加量至维持剂量的，可能需要重新进行评估后确定服药剂量。

从疾病治疗的角度来说，如果是漏服一次可能造成严重影响的药物，比如抗癫痫药，那就需要及时补服；短效降压药硝苯地平，发现漏服后可马上进行补服，同时适当推迟下次服药时间，但不应在睡前补服，防止血压过低引起脑梗死；如果当天想起漏服长效降压药氨氯地平、缬沙坦，可以立即补服，如果是第二日发现漏服，则不用补服；降血脂药通常无须补服，下次服药时正常服用即可；抗感染类药物应该在发现漏服时立刻补服，可适当推迟下次服药时间。

80. 服用一段时间的降压药后血压已经正常，可以停药吗

高血压是一种常见的慢性病，很多老年朋友得了高血压后在医生的帮助下，通过生活方式的干预和药物的治疗，血压慢慢恢复正常，于是萌生了停用降压药的想法，以为血压已经正常，高血压已经治愈，可以停药。其实这种想法很大可能是错误的。继发性高血压确实可以通过治疗原发病使血压得到控制，但是原发性高血压通常是需要长期服用降压药的。

老年朋友切不可因血压正常就停用降压药。服药期间血压正常，只能说明在药物的作用下血压控制得很好，如果停药，血压就会产生波动，增加发生脑卒中、心肌梗死的风险。

大量的临床证据表明，合理使用降压药是安全可靠的。老年朋友不要对长期服药产生恐惧，只要按医嘱服药，定期监测血压，定期复查相关指标，就可以平稳控制血压，预防并发症的出现。

除了高血压患者，高脂血症、糖尿病等慢性病的患者同样也需要长期用药。国外一项研究报道，受某些降血脂药负面报道的影响，部分患者自行停用了该类降血脂药，结果停用降血脂药的患者发生心肌梗死的风险增加了 26%。

除了治疗慢性病所需的药物应当长期服用，治疗非慢性疾病

的药物同样也要遵医嘱按疗程服用，随意停药可能引起病情反复。比如抗菌药物在治疗初期可能抑制或杀灭了大部分病原菌，使得患者体温正常或症状消退，此时可能还需要再多使用抗菌药物72~96小时，如果马上停药可能导致并未完全得到抑制或杀灭的病原菌恢复生长繁殖，甚至产生耐药性，更难于治疗。

81. 疾病症状类似的老年人，可服用完全一样的药进行治疗吗

老年人患慢性病的比例较高，得高血压、糖尿病、高脂血症等疾病的概率大大增加。几个朋友聚到一起常常会聊起各自服用的药物和控制的效果，听到朋友服用的药物和自己的不同，控制效果也比较好，恰巧自己的治疗效果不满意，能不能直接尝试朋友用的药物呢？或者家里亲人长期服用某种药物治疗高血压，自己血压也高了，能不能直接服用亲人的药物呢？

答案是不能。

尽管疾病的名称相同，但是每个人的具体情况是不可能完全相同的。定期体检发现问题到正规医院就诊治疗，由专业的医生根据实际情况选择药物进行治疗，按照医生的医嘱进行生活方式的干预、规律服用药物、定期复查，根据疾病的控制情况进行药物剂量调整，最终找到适合自己的安全有效的用药剂量，坚持长期服用药物，这才是正确的做法。

如果听说某种药疗效好，可以在就医时咨询医生，请医生判断药物是否适合自己。常用降压药主要有五大类，每大类中又有不同的品种，每个品种的药品也有不同的剂型，具体哪类或哪几

类药物更适合治疗自己的高血压是个非常专业的问题，需要医生的指导。血脂异常同样也存在不同的类型，不同的药物也有各自的特点，非专业人士切不可自行购买或使用他人的药物进行治疗，自行使用处方药存在很大的风险，可能导致出现药品不良反应、延误治疗等严重后果。老年朋友应当遵医嘱，坚持用药，更换药品或调整剂量都应在医生的指导下进行。

82. 俗话说“是药三分毒”，不舒服尽量不吃药，吃点保健品就行吗

这种观点是不正确的。保健品，顾名思义，只有保健作用，没有治疗作用。如果身体不舒服应当及时就医寻求专业的帮助，不能盲目地信任保健品，尤其不能被一些不良商家的虚假宣传所骗。如果商家告诉您他们的保健品可以治疗高血压、糖尿病等慢性病，那一定是骗人的，要么是保健品中非法添加了药品成分，要么就是根本没有治疗效果，老年朋友一定不要上当。

人们常说的“是药三分毒”观念深入人心，追溯这句话的根源目前还没有统一的说法，有人推测这个理论约来源于两千年前，成书于《黄帝内经》，三分毒的说法是因为古人通常用“三”来表示多数，如三思而后行、三缄其口。广义来说，古人将药和毒并列，认为药即是毒，毒即是药，认为“毒”就是药物的“偏性”，常用药物来“以偏纠偏、以毒攻毒”，现在人们对“是药三分毒”的理解逐渐变为“药物都具有毒性”。

事实上药品是一种特殊的商品，药品从研发到生产、销售、使用等各个环节都必须按照相关法律、法规要求进行，全程都受

到规范的科学管理，只要是从正规途径购买的药品，安全性、有效性是可以相信的。

虽然使用药品可能出现药品不良反应，但并不是一定会发生不良反应，在医生的指导下合理使用药品就是安全的，即使发生了不良反应，也通常是能够及时发现和处理的。

罹患疾病应该积极就医治疗，不能因为恐惧药品毒性而拒绝药物治疗。慢性病的特点就是发病过程很慢，因此疗程长，甚至需要终身服药控制，积极治疗带来的获益是被大量临床证据支持的，也就是说总体上是利远大于弊的。

（李影影）

六、财产安全

（一）财产安全防范知识有哪些

83. 哪些老年人更容易上当受骗

老年朋友见多识广，阅历丰富，做事稳当，被普遍认为是很难上当受骗的。但事实上，各种新闻媒体时常有老年朋友上当受骗的报道。仔细研阅此类信息，发现下列 7 类老年人容易上当受骗。

（1）**爱占小便宜的老年人：**一天，李奶奶听了一堂免费的讲座后，兴冲冲地拎着免费领来的一篮鸡蛋、一袋大米准备回家，讲座工作人员劝她再做个免费体检。检查结果显示她血液循环不好，有时头晕眼花，她一听觉得检查很准。随后，一名自称为“××中医药大学”保健教授的男子走过来，拿出一瓶药，说成分取自牦牛鞭、红芪、肉苁蓉等名贵药材，3 000 元一瓶。“慌了神”的李奶奶急着要买，但苦于没带够钱，于是工作人员热情地自掏腰包打车送她回家取钱买药。等李奶奶冷静下来，这伙人再也联系不上了。

（2）**手头宽裕而过度关注养生保健的老年人：**陈大妈每月有5 000 多元的养老金，加上子女不时给她些零用钱，手头比较宽裕。手头宽裕了，陈大妈开始关注养生，热心观看手机上的“保健讲座”，相信这些保健品“包治百病”，乙型肝炎、糖尿病、高血压、高血糖甚至许多癌症等都可以通过服用保健品被治愈。陈大妈从此一发不可收拾，买了很多保健品如蜂王浆、羊奶粉、藏酒等，一度让这些东西代替药物来治疗自己的糖尿病、高血压，结果高压上升至 180mmHg，在子女反复劝说下才重新服药。

（3）**子女不在身边的老年人：**丁先生老两口退休在家，两个孩子都在外地工作，一年难得见几次面。前些年，一伙小青年上门推销“皇冠牌按摩床”，了解丁老家庭情况后异常热情地嘘寒问暖，帮助打理家务，将老两口侍候得热乎乎的。老两口心想亲生子女也不过如此，于是心甘情愿地付了 2 万多元买了按摩床：“一是为自己健康，同时也支持了他们工作。”

（4）**过于相信“高科技”产品的老年人：**某公司声称他们的一款新仪器可检出人体主要血管、头颈部的健康问题。有一位老年人患有颈动脉斑块，服用了骗子们出售的药物后，检测结果竟然“出现好转”。其实骗子所使用的检测仪器可随时调控数值。这位老年人以为找到特效药，向骗子购买了上万元的药品，直至警方破案才恍然大悟。

（5）**盲目相信“国家政策”的老年人：**崔大爷花 1 000 元从上海一家公司电话订购了 30 盒巴西蜂胶。一名自称是中科院院长的人给他打电话说仅吃蜂胶不行，需要同时服用其他药品才有效。崔大爷说自己经济条件有限，但对方最终以国家有 5 年 4.2 万元救济扶贫款可以申请为由，骗走了他 7 万元养老钱。类似医疗补助、特困补助等骗术层出不穷。

（6）**“先天性”畏惧公检法的老年人：**一些老年朋友不知何原因，特别畏惧与公检法等执法部门的人打交道。骗子利用这一心理，编写出天衣无缝的“警讯”，威逼老年人将存款转至所谓“安全账户”。

（7）**不懂现代信息技术的老年人：**现在社会已进入一个知识与信息高速发展的时代。许多老年朋友本来文化水平不高，对新知识新信息的接收能力差，所以当骗子用现代高新技术来骗他们时，很容易得逞。

为防止上当受骗，老年人平时要多学习、多了解这方面的信息。现在有很多媒体和公安部门在做这方面的宣传报道，敦促大家加强安全防范。另外，老年朋友们应多些兴趣爱好，多些社会交往，让生活充实些，减少孤独心理。千万不要贪小便宜，切记天上不会掉馅饼，天下没有免费的午餐。同时要远离欺骗场地，只要做到不相信、不接触，骗子也就无计可施了。

84. 老年人受骗的原因有哪些

骗子之所以瞄准老年人行骗，老年人之所以容易上当受骗，主要有以下几个方面的原因。

（1）**有些老年人有贪欲之心，梦想天上掉馅饼的好事：** 有些老年人存在着贪图非分之财的心理弱点。走在马路上，遇上有“生财之道”的机遇，都当作天上掉下来的馅饼。明摆着很多蹊跷的事，只因贪财心切，也就自然看不到了。骗子对他们说什么，他们就相信是什么；骗子让他们干什么，他们就去做什么，所谓一叶障目，不见森林。

（2）**有些患慢性病的老年人，急于将病治好或希望能延年益寿：** 随着年龄的增长，老年人患高血压、糖尿病等疾病的概率也在上升，老年人们急于将病治好，提高生活质量，延年益寿。

（3）**有些丧偶老年人想找个老伴，结束孤独无助的生活：** 一些老年人身体健康强壮，老当益壮，但失去了老伴以后，思想空虚，有失落感，生活和情感上非常孤单无助，想尽快找个合适的人作为伴侣。

（4）**有些老年人希望能够证明自己：** 老年人退休以后，远离了长期伴随自己的社会角色，部分老年人有一定的自卑心理，加之与小辈的共同语言不多，有时候甚至感觉被小辈看不起，因此希望通过某些成功的事例来证明自己的能力。这类老年人很容易被投资类、收藏类的骗局所迷惑。这部分老年人往往固执己见，不听人劝。

（5）**部分老年人迷信权威，从众心理较强：** 从认知能力来说，老年人接受信息时，往往缺乏批判精神，通常是别人说什么就相信什么，特别是来自“权威专家”的声音。

（6）**孤独的老年人更容易上当：** 调查显示，大约 6 成的老年人不与小辈一起居住，老年夫妻一起生活的比例为 37.8%，老年女性单独居住的比例为 8%，老年男性单独居住的比例为 5.3%。这些单独居住的老年人缺乏家庭的关心照料，犯罪分子正是利用老年人精神空虚的弱点，主动嘘寒问暖，骗取信任后实施诈骗。一些老年人热衷于参加保健品讲座，一方面是重视健康，另一方面是由于内心孤独，明知道是促销活动，就想去凑个热闹，去的时候还想着捂紧自己的口袋，但一到现场，就挡不住诱惑。

85. 对老年人行骗的方式有哪些

（1）**以健康为诱饵：** 这是近年来比较突出的一种骗局，可以演化成许多版本。有的骗子以免费体检、免费服务为名，深入社区，忽悠中老年人“身体有病”要及早治疗；有的则在宾馆酒店、教室礼堂举办所谓的“健康讲座”，诱导中老年人购买“神奇”药品或理疗器械。

（2）**以亲情为诱饵：**此类骗局常以当事人的子女、亲友发生车祸、欠债等事件为由，要求当事人转账救急。当事人听到这样的消息，常常会因为心情焦急而乱了方寸，情急之下，按照骗子的要求行事，因而上当。

（3）**以婚姻为诱饵：**让老年人掏钱“娶媳妇”，当钱到手后，“媳妇”却“人间蒸发”了。

（4）**以发财为诱饵：**此类骗局主要针对发财心切的当事人。骗子描绘只要参加他们的集资、参股等投资理财活动，或者购买奇特的宝物、古董，就能获得高额的回报。在开始的时候，骗子往往会放长线钓大鱼，给予当事人一定的甜头，当敛财达到一定数量的时候，随即销声匿迹，让上当者叫苦不迭。

（5）**以分赃为诱饵：**此类骗局多发生于街头巷尾，以捡到大额现金、贵重金属、珠宝等值钱的物品为诱饵，让当事人参与“见者有份”的分赃，随后以分赃现金不足需要筹钱为由，由当事人拿现金或贵重物品作为抵押，保管捡到的“贵重物品”。其实，所谓的贵重物品或钱财，要么是假货，要么被调包。

（6）**以“权威人士”为诱饵：**此类骗局涉及健康、发财等多种行骗方式，而担任忽悠职能的人常常是披上权威外衣的骗子，例如，养生专家、海归博士、古董收藏鉴定师、荐股分析师等，什么来头有效，就信手拈来当作招牌。而当事人往往被这些耀眼的光环唬倒。

（7）**以恐吓手段圈钱：**此类骗局常见于利用电信手段威吓当事人，他们常常冒充公安、银行、电信公司，甚至孩子、老师、亲友等，一个电话、一条短信，甚至网上聊天，告诉当事人亲属遭绑架、银行卡密码泄露被盗用等。什么让当事人担忧害怕，他们就采用什么手段，让当事人上当。或者是编出老年人的亲属有血光之灾的谎言，骗老年人“破财消灾”。

（8）**以介绍工作为诱饵：**此类骗局常以给那些有工作愿望和能力的老年人介绍工作为名，收取介绍费，骗取老年人的钱财。

（9）**以碰瓷加威胁方式行骗：**此类骗局以当事人碰撞以后致人受伤为主要方式，其同伙配以恐吓威胁、和事劝架等多种方式，让当事人掏钱私了。

86. 老年人如何防范被骗

（1）**克服贪欲的心理：**要打消“用小钱赚大钱”“吃小亏占大便宜”或“不劳而获”的念头，世界上没有天上掉馅饼的好事，要看好自己的钱袋子，凡是有人让你出钱的时候，一定要多一个心眼儿，不能轻易将自己的钱拿出来、送出去。

（2）**经常读书看报：**要关心国家大事，开阔自己的视野，尤其要多关注一些法制的文章和节目，从别人上当受骗的经历中吸取教训，了解当前常见的各类诈骗手法，提高警惕，加强对诈骗伎俩的识别能力，使自己变得理智一些。

（3）**三思而行：**凡是要动钱的时候，不要相信骗子那些“不要告诉任何人”的鬼话，自己拿不定主意时，或找老伴，或找孩子，或找自己信得过的邻居和朋友，向他们通报情况，征求意见，商量对策，需要报警时要坚决报警。

（4）**不要盲目相信高额回报：**不要参加所谓公司提供的讲

座、免费旅游、免费茶话会及免费参观公司经营等活动，防止受其蒙蔽。不要相信有高额回报的各种投资，防止利令智昏。一般来讲，对所谓年收益能“保证”超过10%的投资项目，都要打一个大大的问号。不要盲目相信高额回报的宣传和所谓“公司实力”，防止一叶蔽目。

（5）**有诉求找正规单位解决：**就医要到正规的医疗机构，买药要到正规的药店，征婚要通过自己信得过的亲友或正规的婚介所，谋求工作要到正规的中介所，出版书籍要到正规的出版社。

（6）**远离可疑人员：**有些骗子常常主动与老年人打招呼、套近乎，同时表现得很热情，有的老年人此时就容易放松警惕。需要提醒老年人，千万不要和“陌生人”过于亲热，以免上当受骗。另外，独自外出时不要带贵重物品和首饰。

（张志伟）

（二）防范电信诈骗

87. 如何识破社交软件发布的“爱心传递”诈骗

微信等社交软件中的好友基本都是熟人，很容易让人信任，在某种程度上成了不法分子的诈骗工具，且社交软件作为网络通信工具，存在虚拟性和不真实性，因此，在发生金钱往来时，应保持相对的警惕性。犯罪分子将虚构的寻人、扶困帖子以“爱心传递”方式发布在朋友圈里，引起善良网民转发，实则帖内所留联系方式绝大多数为外地号码，打过去不是收费电话就是电信诈骗。

88. 如何识破社交软件点赞诈骗

犯罪分子冒充商家发布“点赞有奖”信息，要求参与者将姓名、电话等个人资料发至微信等社交软件平台，一旦商家套取足够的个人信息后，即以手续费、公证费、保证金等形式实施诈骗。

89. 如何识破色情服务诈骗

诈骗分子事先在网上下载性感美女的照片，然后利用社交软件寻找当事人，向当事人发送色情图片，以明码标价、上门服务等方式诱惑当事人先交保证金，后续又会以体检费、服装费、车费等各种理由索要几百到几千不等的费用，直到受害人意识到被骗后拉黑删除。因此，老年人务必洁身自好，增强防范意识，不轻信网上的相关广告，对于那些充斥大量色情图片、不雅视频内容的网页，必须提高警惕。同时，遇到诈骗行为及时报警。

90. 如何识破车祸诈骗

骗子在预先了解当事人及其亲朋、子女资料的情况下，在当事人亲朋、子女上课、上班等不接电话或手机关机期间，冒充医务人员、学校辅导员或朋友，打电话给当事人，谎称其亲朋、子女“出车祸”或“上体育课摔伤”住院，或在外将人打伤甚至打死，急需医疗费或者需要钱赔偿给死者家属以免受处罚等，从而达到骗钱的目的。

91. 如何识破中奖诈骗

中奖诈骗主要是通过信息群发，对当事人实施诈骗。犯罪分子利用伪基站或者互联网软件群发虚假中奖信息或邮件，当事人一旦联系兑奖，犯罪分子就以个人所得税、公证费、转账手续费、滞纳金、违约金等各种名目要求当事人转账汇款，实施诈骗。天上不会掉馅饼，更没有免费的午餐，老年人平时一定要注意增强防骗意识，收到类似中奖信息时千万不要轻信，不要贪图意外之财，以免上当受骗。

92. 如何识破冒充公检法电话诈骗

不法分子常冒充运营商、银行、快递客服，称当事人发生了手机欠费、银行卡涉案、违法快件被扣等事件，以帮当事人证明清白报案为由，转接至所谓的“公安机关”接听。同时，假冒办案人员，以当事人的身份证、银行卡被盗用，当事人涉嫌涉黑、涉毒或涉嫌经济犯罪为由，要求当事人配合调查，并恐吓当事人不能告诉任何人，随后以“资金清查”为由，诱骗当事人将所有资金转入开通网银和电子密码器的银行卡，并要求提供手机验证码和电子密码器密码。凡是接到自称公安局、检察院、法院等机构的电话，要求找隐秘地方，要求做电话笔录，要求保密不能对任何人说，要求查看网页上的“通缉令”“逮捕令”，要求把钱转到“安全账户”或进行“资金审查”，要求提供银行账户、余额、密码等个人信息的，都是骗局。

93. 如何识破电视欠费诈骗

犯罪分子冒充通信运营等企业工作人员，给当事人拨打电话或直接播放电脑语音，以当事人电视、电话欠费为由，要求当事人将欠费资金转到指定账户，否则将停用当事人本地的有线电视或电话服务并罚款，如果当事人信以为真转款就会被骗。此类诈骗和过去出现的法院传票、银行卡透支、诈亲汇款等一样，犯罪分子利用“催费”这一借口，诱导蒙蔽当事人将钱款通过银行汇到骗子设置的保险账号上。遇到此类问题，有线电视、电话用户可拨打当地营业厅的服务电话进行咨询，揭穿骗子的伎俩，以免上当受骗，使财产遭受损失。

94. 如何识破刷卡消费诈骗

骗子通过短信提醒手机用户，称该用户银行卡刚刚在某商场、酒店刷卡消费等，如用户有疑问，可致电××号码咨询。在用户回电后，其同伙即假冒银行客户服务中心的工作人员谎称该银行卡可能被复制盗用，利用受害人的恐慌心理，要求用户到银行 ATM 机进行所谓的“加密”操作，逐步将受害人卡内的款项转到骗子指定的账户。

95. 如何识破快递签收诈骗

收快递前请擦亮双眼，警惕骗子的这 8 种手段。

（1）**勒索邮件：**骗子先打电话自称是快递公司人员，告诉当事人有快递物品，但由于天气潮湿看不清具体地址、姓名，只知道电话，请当事人提供地址、姓名。然后就有快递公司投递人员上门送来物品，一般会是假烟、假酒，请当事人签收。看到有东西送来，许多人便不问来处，随意签收。一旦签收，随后就会有人打电话要求事主按他们给出的银行账户汇款，一般索要数万元，如果不肯给，便有讨债公司或社会不良人员上门骚扰。安全提醒：谨记天上不会掉馅饼，来路不明的快递不要收！

（2）**内鬼使诈：**曾经有一位女士网购了化妆品，在收到包裹支付邮费时较为大意没有检查，之后打开包裹时，发现自己购买的高级化妆品竟成了 6 瓶廉价的润肤甘油。在与厂家联系后，双方协议，由厂家再发一次货。当包裹再次送来时，这位女士的先生当面打开了包裹，发现仍是假货，随即抓住了准备逃跑的快递员。据这位“快递员”说，自己根本就不是快递员，他受雇于某快递公司员工，而该员工则利用工作之便，将客户的真包裹以拒收为由退回，再拿着假包裹去诈骗客户的货款及邮费。安全提醒：快递一定要当面检查再签收！

（3）**送货上门：**网购后，“快递员”迅速送货。消费者想拆包裹验货，被“快递员”制止：“支付货款后才能拿回去拆，否则如果拆了又说退货，我得自己赔偿损失。”等到付清了全部货款，“快递员”收了钱之后就借口还有很多快递要送，匆匆离开。消费者回家打开包裹一看，网购的物品居然是劣质产品。刚想退货，却接到了正牌快递员的电话，这才明白前面的“快递员”是个骗子，专骗货款。安全提醒：送货过于神速要警惕，小心订购商品未发货，“快递员”已来敲门，如果没办法验证快递员身份，至少可以验证快递商品，不让验货的商品坚决拒收。

（4）**“违禁品”快递：**骗子先以快递人员身份给当事人打电话（或是语音电话、人工电话、短信），告知当事人有包裹因为内有毒品等违禁品被警方查扣，并提供一个警方电话，让当事人与警方联系。其实，这个“警方”电话是骗子利用网络虚拟号码捆绑的。当事人打通电话后，对方会自称是毒品犯罪调查科民警，让当事人与银行方面联系，给银行卡升级或将钱转存入所谓的“安全账户”，并会特别强调，此事关乎当事人清白，要求当事人不能向周围的人透露，最终达到骗取钱财的目的。安全提醒：不轻信来电显示，骗子可以利用改号软件，将自己的号码改成任意号码；从来没有什么“安全账户”，最安全的账户一定是自己的；不要被骗子吓到，遇到危难应及时报警，而不是转账！

（5）**中奖：**收到陌生快递，里面仅有一张宣传单和一张刮奖卡。宣传单介绍的是某知名品牌产品或是神乎其神的保健品，刮奖卡上写着：为了回馈广大消费者，特举办刮刮奖大赠送活动。动手一刮肯定中奖，动辄“中奖30万”“中奖100万”。刮奖券做得像模像样，有兑奖专线、公证处监督专线，说不定上面还盖有“国家彩票管理中心”的专用章。打电话去确认，骗子就会以各种理由要求汇款，手续费、交税、公证费，甚至还有要差旅费的。结果是注定的，不管给骗子转多少钱，都领不到这笔奖金。还有一些人收到的中奖卡需要按照指令点开网址、开通授权，个人信息一旦泄露，离被骗也就不远了。安全提醒：相信常识，天上不会掉馅饼；有疑问记得寻找官方途径进行核实或是与家人沟通，切不可轻易转账、汇款；不明链接坚决不点，警惕木马病毒。

（6）**货到付款：**全国各地都有“39 元货到付款”“49 元货到付款”之类的小额诈骗案件，骗子通过非法渠道获取个人信息（购买个人信息；发布广告，让消费者主动留下地址和电话），以重要文件、饰品、手表、洗漱用品、赠品等名目进行精准投递。在这些货到付款的包裹里，往往只有成本极低的假冒伪劣商品，甚至是几张废纸。这种诈骗手法有几个特点，受骗者众、迷惑性大、针对性强，由于诈骗金额较小，发现被骗，报警也无法立案（当被骗人数和涉案金额积累到一定数额时，警方也会启动调查）。许多人吃了哑巴亏，也只能选择隐忍。安全提醒：代人收快递时，要先与当事人进行确认；寄件人不详或者联系不上的，建议直接拒收；难以确认时，可先开箱验货确认是否为自己的快递，再决定是否签收。

（7）**假借手机：**骗子从网上购买到详细的个人信息，登录当事人网银，发现里面有钱。为了获取当事人的验证码，骗子会冒充快递员打电话套取地址。趁当事人签收快递的时候，骗子的同伙就会打电话给当事人，称“快递员”电话无法接通，请“快递员”接听电话。趁当事人不注意，这个假冒的快递员就会趁机获取验证码。安全提醒：手机属于私人物品，关系到个人信息和财产，千万不要轻易外借；不轻易透露自己的个人信息，以防被不法分子获取从事违法犯罪活动，女性还要小心对方是否有歹心。

（8）**快递过期：**骗子声称自己是快递员，通知事主有快件没取且已经过期，事主须拨打某电话查询，同时需要输入身份证号等信息，或者要求事主缴纳一定费用重新发货。安全提醒，接到此类电话不要按照骗子指定的电话查询，一定要从快递公司的官方电话查询。

总之，个人信息不要轻易泄露；手机不要轻易外借；转账、汇款、资金审查等都是诈骗；链接一定不要随意点；不贪小便宜，对于到付包裹接收要谨慎；对于可疑的快递人员送来的不明包裹，要多加查证，不要随便签收付款。

96. 这些社保骗局，您知道吗

针对于老年人的“古董骗局”“保健品骗局”“免费旅游骗局”等，在市面上出现的时间久了，很多老年人都已经识破了，不会再轻易受骗了。于是骗子又想出新招数：社保骗局。这 5 个关于社保的骗局，大家一定多留意，擦亮双眼，别给骗子可乘之机。

（1）**您有未领取的社保补贴：**骗子会以发送诈骗短信或者打电话的方式，告诉当事人有未领取的社保补贴，请当事人务必在什么时候之前到当地社保局办理相关手续。同时，要求当事人提供身份证号码、社保卡号码等个人信息，用于提前预约登记。若当事人告知了这些信息，骗子就知道了当事人的社保卡信息、身份证号码等，接下来的事儿大家就可想而知了。

（2）**您的社保卡被盗刷**：这个骗术和上一个有点类似，也是骗子通过发送诈骗短信的形式告知当事人其社保卡在外地医院有一笔消费，或者是透支、盗刷等等。总之，就是要告诉当事人由于涉案金额较大，已经移交给公安机关处理了，为了保障当事人的账号安全，现在需要核实当事人的身份证号码、社保卡密码等重要信息，并要求当事人将资金赶紧转移到指定账户中。

（3）**用各种优惠政策诱骗参保人员**：这种骗局一般就是骗子冒充社保机构的工作人员，然后以“优惠”的参保政策为名，诱骗参保人通过银行卡转账的方式来办理社保。您仔细想想这事儿它能靠谱吗?

（4）**社保账户变更转移资金**：这种骗局就是骗子假借社保经办机构名义，以社保基金账户变更为名，要求参保单位和个人预缴社保费。当然了，这个所谓的“预缴”的费用也是会转入骗子们的银行账户中。

（5）**您的社保卡出现异常**：骗子会给当事人打电话，告知其社保卡出现异常，将被强行终止使用，或者告知当事人社保卡由于欠费已经被冻结，然后向当事人索要身份证号码，社保卡号码、密码等个人关键信息，并且要求当事人向指定账户汇款，缴纳所谓的“手续费”。

总而言之，当有人向您索要身份信息，尤其是密码的时候，一定不要轻易告知。

97. 如何识破医保诈骗

以医保卡失效、停用、升级异常为由的诈骗短信往往要求在短信附带的网址链接填写身份信息、银行账号等。

（1）诈骗短信伪装成业务提醒，将医保局的名称用“【 】”括住，增加权威性和迷惑性。

（2）当事人进入附带的网址链接后，被要求输入姓名、身份证号等信息。该网址仿医保局页面，是典型的钓鱼网址链接。

（3）当事人输入身份信息进入网站后，网页显示当前信息已过期，需要重新认证信息，随即网页跳转至虚假“中国银联”网站核实身份，要求当事人输入银行账户信息，在当事人输入信息的同时诈骗分子也会获取输入的信息内容，准备转账。

（4）仿冒“银联”的页面会有验证信息，当事人一旦继续填写，就主动向骗子提供了银行卡号、手机号、银行卡余额等信息。

任何单位和个人都不能随意停用参保人的社保卡（医保卡）。如遇医保个人账户信息出现异常，本人可携带身份证、社保卡到人力资源和社会保障局或社保卡所在的银行办理业务。医保部门不会通过电话、短信、邮件等方式索要持卡人的医保卡号、身份证号、银行账号和密码。

（高茂龙）

七、社会适应与权益保障

（一）如何更好地适应社会

98. 常常感到空虚或者不快乐，怎么办

很多老年人退休在家，离开了工作岗位和长期相处的同事，终日无所事事，孤寂凄凉之情油然而生；有的老年人和儿女分开居住，寡朋少友，缺少社交活动；有的老年人丧偶或离异，老来孑然一身，产生了一种“被遗弃感”，继而对自身存在的价值表示怀疑，从而产生抑郁、绝望……这种空虚和不快乐会对老年人的身心健康造成很大危害，轻者会使老年人情绪低沉或烦躁不安，重者会让抑郁症找上门。其实这种空虚和不快乐是正常的心理感受，老年人不要消极对待，可以从以下三方面进行及时调整。

（1）**调整自己的目标需求：**不管是退休的原因，还是子女分开居住抑或是离异、丧偶的原因，要及时调整自己的生活目标，客观看待自己现在的处境，在生活中及时调整自己的欲望和需求。退休在家的老年人可以积极参与社区志愿者活动，子女不在家的老年人可以多参与邻里互助的工作，激发自己的奉献热情，让自己有事做。

（2）**建议有条件的老年人走出家门，多出去旅游：**很多老年人在年轻的时候过着非常忙碌的生活，没有时间出去旅游。建议身体条件允许的老年人学会走出家门出去旅游，放松身心，让生活丰富多彩。经常出去旅游，可以让老年人增加新的体验，重新唤起对世界的好奇。

（3）**多看报，多读书，多学习**：老年人如果在生活中能够做到经常读书的话，在心理上会越来越开心，会由内而外散发些许学者风范。建议无论到哪个年龄段，都一定不要放弃学习，这会让老年人的晚年生活更加幸福充实。否则，生活就会变得非常枯燥乏味，甚至会导致出现与社会脱节的情况。

99. 人老了，还需要继续学习吗

读书学习是大有益处的，是老年人的一项非常有意义的活动。活到老，学到老，即使变老了，也要继续学习。

第一，读书学习能使老年人更快地适应退休以后闲居在家的生活。人最怕闲，由清闲而生闷，由闷而生愁，由愁而生病。特别是那些退休以前在工作岗位上从事脑力劳动的老年人，一下子退休回家闲居起来，那种心情是无法形容的。多读书学习，学一些工作时想学而没有时间学习的知识，可以充实自己的生活。

第二，老年人读书学习还有利于延缓身心衰老，起到延年益寿的作用。现代科学研究发现，坚持进行脑力劳动的人，其智慧并不因年老而衰减，相反，一些健康而活跃的人的智慧还会随着年龄的增长而增加。

第三，不断地读书学习可以增进老年人的心理健康，避免产生落伍感，并能使老年人更好地处理家庭、人际关系。经常读书、看报、学习，能使自己的知识不断更新，使自己感到人虽然老了，但思想不老，在精神上还年轻，这就有利于与晚辈之间保持思想上的接近，消除代沟。一般来说，爱读书学习的老年人知识面广、心胸开阔、情绪乐观、不计较小事、不爱生闷气、不钻牛角尖，能更好地处理与子女、老伴以及朋友之间的关系，而良好的社会关系又增进了自身的心理健康。

100. 老年人能做志愿者吗

老年人可以做志愿者。众所周知，我国已迈入老龄化社会，人均寿命越来越长，老年人越来越多。随着社会生活水平的提高，有些老年人身体比较健康，本人也有心于一些社会公益事业，因此这部分老年人就有了参与志愿服务活动的需求。

一般来说，参加志愿服务活动的群体大多是青年人，老年人一般是志愿者服务的对象。实际生活中，在街道、社区等地方，老年人往往比年轻人更能发挥作用，这是老年人参加志愿服务活动的有利条件。并且有越来越多的证据表明，从事志愿服务与良好的健康和幸福感之间存在着强烈的相关性。发表在《美国预防医学杂志》上的一项研究成果认为，日益增多的老年人拥有大量的技能和经验，可以通过志愿服务为社会带来更大的利益。

101. 长期宅在家里会变“傻”吗

长期宅在家里会变“傻”的。很多老年朋友喜欢宅在家里，只想躲在家里看电视、看电影、玩游戏、看小说。若长此以往，会逐渐丧失深度阅读和深度思考的能力。长期宅在家里不出门，不活动，精神会变得很差，整个人的状态是很颓废的。“宅”会纵容懒惰，会让人逐渐孤立，在让人成功逃避面对困难的焦虑的同时，也关闭了通向丰富世界的大门，让人沉浸在一种慢性的隐性焦虑之中。

102. 跳广场舞有助于身心健康吗

跳广场舞是日常生活中一项常见的体育运动，合理的运动对身体有好处，但过度运动也有一定的坏处。强度合理的广场舞是有助于身心健康的。跳广场舞可以锻炼身体，活动筋骨。广场舞的节奏一般比较慢，动作不会特别大，动作多是走来走去，转来转去，就像恰恰舞一样，难度很适合老年人，能够很好地帮助老年人锻炼身体的协调性。

现在很多老年人都是空巢老人，自己在家的时候会感到特别的孤独，没有人陪他们说话。当他们在广场上跳广场舞的时候，有那么多的同伴，他们可以和同伴们交流，或者说一说心里话。能把自己内心深处的孤独排遣出来，也是有利于身体健康的。

虽然跳广场舞能给老年人带来身心健康，但老年人跳广场舞一定要量力而行，及时观察自己的身体状况，不可过量运动，注意保护自己的关节和韧带。

103. 老年人如何和子女更融洽地相处

老年人因为自己的经历、经验、生活习惯等与子女不同，在与子女相处的过程中不可避免地会产生很多矛盾，从而导致家庭生活存在不和谐的情况。试着做到下面几点，让老年人和子女融洽相处。

（1）**尊重和理解子女：**老年人虽是长辈，但在和子女的相处中应保持平等的、亦师亦友的关系，遵循和平共处的原则。老年人要爱护自己的子女，理解他们的不容易，体谅他们的难处，遇到事情时要做到换位思考，不能一意孤行、倚老卖老。时代在进步，老年人的思想和观念也不能一直停滞不前，要善于发现子女的闪光点，不要拿孩子们的弱点同他人的优势相比较，尊重儿女的选择。

（2）**不干涉子女的家庭和教育问题**：老年人应当摆正自己的位置，要知道儿孙自有儿孙福，应学会管住自己的嘴，不提过多的意见和要求，更不要反复唠叨。子女们都有自己的主见和想法，老年人不必过多参与，要学会适时退让，放手让子女们独立思考。子女们长大后都各自组成了小家庭，有自己的幸福生活和相处模式，老年人不应该过多地干涉和妄图改变他们的生活方式，尤其不要插手子女的婚姻。在对待孙子孙女的教育问题上，尊重子女们的理念，不要溺爱自己的孙子孙女，如果强行干预只会给子女以后的教育带来更大的难题。

（3）**避免过分依赖**：老年人要和子女之间保持适当的距离，给自己和子女的生活留有一定的空间，只有这样才能让彼此都能更好地工作和生活。为人父母要有自己的生活重心和交际圈子，不能把子女当作寄托过分依赖，因为他们有自己的生活也完全属于自己。当退休后闲暇时间增多时，老年人可以约上朋友一起下象棋、打太极等，不仅可以丰富晚年生活，还能让自己保持愉悦的心情和健康的生活，这其实也是在减轻孩子们的负担。

（4）**一视同仁，不偏袒**：即使孩子们都已经长大成人，思想观念也逐渐成熟，老年人在与子女相处的过程中也一定要一碗水端平，不能偏袒某一方，遇到一些事情时，要做到就事论事，对事不对人，正确地处理子女之间的问题。作为父母要清楚，下意识地偏袒某一方不仅会造成对另一方的伤害，更会是对子女之间感情的考验，长此以往，子女之间的关系也会恶化；有些人还会因为父母的偏爱出现心理失衡，这对家庭和社会来说都是一种潜在的危害。

104. 退休后如何保持良性社交

人退休之后，内心的情感变化往往是非常明显的，孤独感、无用感带来的焦虑很容易让老年人变得消极，容易被“离退休综合征”找上门来。其实对于老年人来说，退休后的良性社交是非常必要，也是非常重要的。退休之后要重点处理好4种关系。

（1）**夫妻关系**：晚年朝夕相伴的，自然是老伴了，虽然几十年的风风雨雨早已将生活中的浪漫磨平，但相濡以沫更是一种令人向往的相处方式。无论如何，到了晚年都要好好对待老伴，不能仗着对方对自己的包容与了解，就带着情绪说话和做事，这样会深深伤害彼此的关系。除此之外，还有一些老年朋友可能是只身一人，晚年想找个老伴过日子。不过，晚年的婚姻并非单纯的爱情，还会牵扯到金钱利益等问题，甚至有些人并非想踏踏实实地过日子，所以晚年对待黄昏恋一定要小心。

（2）**子女关系**：每一位父母一辈子都在为了子女能够更好地成长而付出，希望他们能够更独立、更成功，但是很多父母到了晚年还总是忍不住想要插手子女的事儿，这非常不利于与子女之间的关系。儿孙自有儿孙福，他们的生活本就该由他们自己做主，在与子女相处时，不要倚老卖老，一定要尊重他们的生活和习惯，这样不仅能让小家庭少了很多麻烦，而且会让亲子之间的关系越来越近。

（3）**同事关系**：老年人退休前因为工作，整日与同事们共事，有些老年朋友可能通过几十年的打拼，小有成就，所以生活中总有一些同事会主动上前交流甚至说一些奉承的话。但是退休后，这些同事渐渐地减少，这就让一些老年人感到不适应了。老年人要清楚地意识到，以前这些同事可能并非来与你社交，而是与你所处的地位社交，所以一定要放平心态，顺其自然。

（4）**邻里关系**：俗话说：“远亲不如近邻”，邻里关系非常重要，邻居经常是低头不见抬头见。邻里之间和睦相处，与人为善，平等交往，讲诚信，守信用，邻里有困难的时候相互帮忙。邻里相处一定要心胸大一点，做事多谦让，这样很多的矛盾都会迎刃而解，让邻里关系更融洽深厚。再就是，一定要把眼光放长远，左邻右舍朝夕相处难免会产生一些矛盾，当邻里关系出现矛盾的时候，要冷静地处理，不能在气头上解决问题，那样只会让事情变得更糟糕。

（刘向国）

（二）老年人权益保障有哪些

105. 老年人容易被忽视和侵害的权益有哪些

老年人权益是指老年人根据《中华人民共和国宪法》和相关法律及相关政策所应该享有的权益，权益包括权利和利益。老年人因其身体年龄的特殊性区别于普通群体，因此老年人权益与普通人权益也有不同。不论是精神上还是身体上，老年人的承受力均低于中青年，这就造成老年人易成为权益受侵害的弱势群体。

老年人有 5 种权益特别容易受到忽视和侵害，分别是受赡养权、受扶助权、再婚自由权、自由处分遗产权和继承权。

106. 立遗嘱应该注意哪些事项

根据《中华人民共和国民法典》第六编的规定，我国遗嘱主要分为 6 种类型：自书遗嘱、代书遗嘱、打印遗嘱、以录音录像形式立的遗嘱、口头遗嘱和公证遗嘱。

这里以自书遗嘱为例，谈谈立遗嘱应该注意的事项。

（1）自书遗嘱中所处理的财产必须是自己的合法财产：遗产是自然人死亡时遗留的个人合法财产，包括公民的收入、房屋以及著作权、专利权中的财产权利。近年来，财产的表现形式呈现多样化，比如股权、证券等，遗嘱人只能处理个人所有的财产。在司法实践中，有些遗嘱人缺乏这方面的意识，在立遗嘱之时没有想到首先应该将属于配偶的部分财产析出，否则一旦发生纠纷上法庭，易导致遗嘱部分无效。除此之外，遗嘱人在立遗嘱时，应尽量涵盖所有遗产，同时具明遗产分配的比例等。

（2）要注意遗嘱的签名：自书遗嘱由遗嘱人亲笔书写，签名。如果遗嘱人没有签名，尽管遗嘱内容真实，但因欠缺形式要件也是无效的。若是自书遗嘱有些许改动，建议在改动的地方签名、按手印，同时注明改动的日期，但最好还是重新再订立一份遗嘱。

（3）要注意立遗嘱的时间：自书遗嘱一定要写明确切的日期，注明年、月、日。通过日期，可以判断出遗嘱的效力。司法实践中，因未写明日期或是日期不确切而认定不满足遗嘱的形式要件，判决遗嘱无效的案件比比皆是。自书遗嘱应该严格依照法律条文来书写，避免不必要的争议。

（4）如果对立遗嘱事项不太了解，可以请专业人士指导，以防遗嘱无效或有瑕疵。

107. 常见的需要法律援助老年人维权的事项都有哪些

老年人法律维权方面的问题主要表现在子女赡养、财产分割、房屋产权等财产权领域以及遗弃、虐待等人身权领域。

（1）遗弃、虐待老年人：有的子女以赡养为借口，大肆攫取老年人财产，或者是与老年人共同居住的子女以赡养、照料老年人生活为名，在购买房屋产权、户口迁入、更改户主等目的达到后，遗弃、虐待老年人。

（2）因继承遗产而侵犯老年人继承权的纠纷案件：比如，老年人在配偶死亡后，再婚需要依法处理或者带走自己财产时，受到子女、亲友或者其他家族人口的阻拦，不让老年人处理或者带走遗产，这样会给老年人的财产权利造成极大的间接或者直接经济损失。

（3）侵吞老年人的房屋产权：有的子女不思赡养老年人，巧取豪夺老年人财产，如共同居住的子女分配、购买住房后，仍然占据老年人住房；成年子女冒领本不该属于私有房产主的老年人的拆迁补偿款，有的还因为房产纠纷引发了再婚纠纷及赡养纠纷等。

（4）再婚老年人的配偶一方去世后引发的财产继承和老年人赡养问题：由于再婚老年人的财产所有权模糊，加之原双方子女的干涉等，极易引发利益冲突和再婚老年人的财产纠纷。

（5）老年人的赡养问题：有的老年人子女不孝，不思赡养老年人，让老年人无依无靠、衣食得不到解决。尤其是独居老年人，虽然衣食问题得到了解决，但却饱受精神问题的困扰。众所周知，由于受生活压力影响和传统观念的影响，许多年轻人习惯上把“养老”理解为是对老年人物质与经济上的给予，他们认为只要在物质与经济上供给了就行，而对老年人精神方面的需求考虑甚少，忽视与老年人进行情感交流，使得老年人难以得到心理慰藉。老年人时常会感到失落、孤独、焦虑。

老年人作为社会的弱势群体，需要各方的关心与帮助，在侵权事件发生后除了向当地的法律援助机构求助外，也可以向当地的相关部门求助，请他们帮忙出面调解。

（刘向国）

（三）社会救助渠道

社会救助是我国社会保障的核心内容之一，救助对象主要是城乡困难群体，包括城乡低保对象、农村五保户、特困户、因遭受自然灾害需要给予救济的灾民等，救助类型有城乡居民最低生活保障、灾害救助、医疗救助、农村特困户救助、五保供养、失业救助、教育救助、法律援助等内容。

108. 哪些情况下可以申请社会救助

为了保障公民的基本生活，促进社会公平，维护社会和谐稳定，我国制定了《社会救助暂行办法》，由国务院民政部门统筹全国社会救助体系建设，国务院民政、应急管理、卫生健康、教育、住房城乡建设、人力资源社会保障、医疗保障等部门按照各自职责负责相应的社会救助管理工作。根据最新修订的《社会救助暂行办法》，面临以下困境时可以向社会救助经办机构或县级人民政府民政部门求助。

（1）**最低生活保障家庭：**共同生活的家庭成员人均收入低于当地最低生活保障标准，且符合当地最低生活保障家庭财产状况规定的家庭，给予最低生活保障。对批准获得最低生活保障的家庭，县级人民政府民政部门按照共同生活的家庭成员人均收入低于当地最低生活保障标准的差额，按月发给最低生活保障金。对获得最低生活保障后生活仍有困难的老年人、未成年人、重度残疾人和重病患者，县级以上地方人民政府应当采取必要措施给予生活保障。

（2）**特困人员：**国家对无劳动能力、无生活来源且无法定赡养、抚养、扶养义务人，或者其法定赡养、抚养、扶养义务人无赡养、抚养、扶养能力的老年人、残疾人以及未满16周岁的未成年人，给予特困人员供养。供养内容包括提供基本生活条件、对生活不能自理的给予照料、提供疾病治疗和办理丧葬事宜。

（3）**受灾人员：**国家对基本生活受到自然灾害严重影响的人员，提供生活救助。自然灾害发生后，县级以上人民政府或者人民政府的自然灾害救助应急综合协调机构应当根据情况紧急疏散、转移、安置受灾人员，及时为受灾人员提供必要的食品、饮用水、衣被、取暖、临时住所、医疗防疫等应急救助。自然灾害危险消除后，受灾地区人民政府应急管理等部门应当及时核实本行政区域内居民住房恢复重建补助对象，并给予资金、物资等救助。对因当年冬寒或者次年春荒遇到生活困难的受灾人员，提供基本生活救助。

（4）**最低生活保障家庭成员：**特困供养人员或县级以上人民政府规定的其他特殊困难人员，可以向乡镇人民政府、街道办事处申请医疗救助。此外，国家对因火灾、交通事故等意外事件，家庭成员突发重大疾病等原因，导致基本生活暂时出现严重困难的家庭，或者因生活必需支出突然增加超出家庭承受能力，导致基本生活暂时出现严重困难的低生活保障家庭，以及遭遇其他特殊困难的家庭，给予临时救助。具体申请流程请咨询乡镇人民政府或街道办事处。

109. 申请社会救助时，需要做哪些准备

按照《社会救助暂行办法》规定，申请人在申请社会救助时，需要提供以下材料。

（1）书面申请。

（2）诚信承诺书。

（3）家庭成员居民身份证、户口簿（原件及复印件）。

（4）家庭成员收入证明。

（5）重大疾病，突发事件等相关票据、照片证明材料。

（6）民政部门规定的其他证明材料。

每个救助项目申请时需提供的材料有所不同，但都大同小异。具体情况，请查询当地民政部门网站或电话联系。

110. 生活困难的残疾老年人可以申请哪些补贴

为解决残疾人特殊生活困难和长期照护困难，国家建立了困难残疾人生活补贴和重度残疾人护理补贴（简称“残疾人两项补贴”）制度，从残疾人最直接最现实最迫切的需求入手，着力解决残疾人因残疾产生的额外生活支出和长期照护支出困难。

（1）困难残疾人生活补贴：主要补助残疾人因残疾产生的额外生活支出，对象为低保家庭中的残疾人，有条件的地方会逐步扩大到低收入残疾人及其他困难残疾人。低收入残疾人及其他困难残疾人的认定标准由县级以上地方人民政府参照相关规定、结合实际情况制定。

（2）重度残疾人护理补贴：主要补助残疾人因残疾产生的额外长期照护支出，对象为残疾等级被评定为一级、二级且需要长期照护的重度残疾人，有条件的地方可扩大到非重度智力、精神残疾人或其他残疾人，逐步推动形成面向所有需要长期照护残疾人的护理补贴制度。长期照护是指因残疾产生的特殊护理消费品和照护服务支出持续 6 个月以上时间。

残疾人两项补贴，经过多年的完善和发展，已成为增进残疾人福祉的重要福利制度。2021 年 4 月，残疾人两项补贴“跨省通办”在全国范围内实施，符合条件的残疾人申请补贴不再受户籍地限制。2022 年 5 月 15 日第三十二次全国助残日起，在“跨省通办”基础上，在全国范围内实行困难残疾人生活补贴和重度残疾人护理补贴申请“全程网办”服务。“全程网办”后，残疾人可全程在线提交申请、查询、修改补贴证明材料，从而实现申领补贴“一次都不跑”和“不见面审核”。

111. 独居老年人如何寻求社会救助

新闻一：安徽淮南一位 73 岁的独居老人，洗漱时突发脑梗死倒在地上，左侧胳膊和腿不能动弹，手机近在身边，却无法联系子女。是她接连两天用鞋子敲打地板，邻居因噪声影响休息打电话报警，老人才得以获救。

新闻二：李大爷，75 岁，独居在某小区，连续三天降雪，老人无法外出买菜，家里“断粮”。

新闻三：马婆婆，84 岁，自己一个人住，平时家里有点重东西需要搬运、买菜和买药等，都是社区居委会工作人员帮忙。6 月 24 日、25 日，社区工作人员连着两天打老人电话都是关机，觉得很蹊跷。社区工作人员报警后，与民警打开马婆婆家门后发现老人倒在卫生间地面上，已是深度昏迷，任凭大家如何呼叫也没有反应。

新闻四：原国家某局局长，为纪念刚刚去世的夫人在家烧纸，不慎失火引发火灾，由于子女不在身旁，自己又刚做完手术，坐在轮椅上的他被火灾夺走了生命。

（1）独居的老年人有时也需要未雨绸缪，提前做好准备，必要的时候向他人寻求帮助。独居老年人需要经营好与社区居委会的关系，因为社区掌握着各种资源，如各地政府已经在着手打造的“15 分钟社区居家养老服务圈”，当老年人有需求时，可以与社区居委会联系，享受助餐、助医、助浴等服务。如果生活在乡村，老年人需要处理好与邻居、亲友的关系，他们会在老年人需要帮助时伸出援手。

（2）老年人还可以转变养老观念，尝试机构养老。机构养老可以满足老年人饮食起居、清洁卫生、生活护理、健康管理和文体娱乐活动等多种需求。

112. 发现老年人被虐待应该如何干预

《中华人民共和国老年人权益保障法》规定：禁止歧视、侮辱、虐待或者遗弃老年人。《中华人民共和国刑法》规定："虐待家庭成员，情节恶劣的，处二年以下有期徒刑、拘役或者管制。犯前款罪，致使被害人重伤、死亡的，处二年以上七年以下有期徒刑。"同时，我国《中华人民共和国反家庭暴力法》也规定：未成年人、老年人、残疾人、孕期和哺乳期的妇女、重病患者遭受家庭暴力的，应当给予特殊保护。

在我国，老年人被虐待主要表现在以下几方面。

（1）**身体虐待**：指的是使用暴力对待老年人，导致老年人受伤或承受痛苦。如果老年人身体有严重的擦伤、抽打伤痕、烧伤、骨折或其他类似受到虐待的现象，那就该引起注意了。

（2）**情感/心理虐待**：在情感或心理上虐待老年人是非常难以被观察到的，一般认为情感/心理虐待是通过语言或非语言的方式让老年人遭受精神上的痛苦，包括用语言攻击、威胁、恐吓或骚扰老年人。

（3）**疏于照顾**：疏于照顾主要有两大类，一类是他人主动或被动地疏于照顾老年人，另一类是自我忽视，老年人不在意自己的客观需要。

（4）**经济虐待**：指未经老年人授权处置其财产或过度干预老年人合法、自由处置自己的财产的行为，如近年来房价高涨，很多老年人遭受经济虐待与房产有关。

受传统家庭观念的约束，有些老年人在受到虐待却不敢主动寻求帮助，因此，当发现身边有老年人正在遭受虐待，可以通过以下途径采取干预措施。

方法一：**申请适老化环境改造**。发现老年人正在忍受行动不便、照明不够等痛苦，可以对老年人常住的环境进行调整，如：增加淋浴座椅，有助于改善老年人的个人卫生；将老年人送往日间照料中心，能够让老年人有机会与其他同龄人交往，也可以使照护者得到喘息。如果老年人的常住环境已经威胁到老年人安全，那么可以建议老年人选择入住养老机构，获得相关服务，同时联系社区或公安机关。

方法二：**向受虐老年人提供支持**。向正在受到虐待的老年人提供支持并让他们安心，非常重要。可以根据实际情况向老年人提供情感、法律、医疗、精神卫生、康复、营养等方面的服务和援助，并尽己所知帮助他们了解发生的事情和接下来还会发生什么，从而减轻受虐待老年人的身心痛苦。

方法三：**向主要照护者提供支持**。向老年人的照顾者推荐合适的家居护理、日间照料或老年餐桌服务，使照顾者可以有时间满足自己的个人和社会生活需要。还可以鼓励照顾者向其他家人和亲友等寻求协助，缓解独立承担照顾老年人的压力。

113. 老年人受到情感或心理伤害时该如何寻求帮助

生活中，无论如何都会有心情不好的时候。一些陌生人的言语或举动，有时会让老年人感到痛苦、愤怒或郁闷；某些言语上的攻击、恐吓、羞辱或骚扰会对老年人的情感或心理造成伤害；有时一些事件会使老年人和亲人分开，把老年人置于孤独的境地，使老年人心理上的伤害短期内难以愈合。

如果经过自我调整，老年人在情绪和人际交往方面已经有了明显好转，那么可以重新回归生活。如果经过努力，老年人仍然感觉对待生活和身边亲人、朋友冷漠，可尝试以下几种方法。

方法一：寻求身边的社会支持，司法、公安、医疗机构和社会组织、政府部门等会对老年人的权益进行保护。

方法二：增强自我保护意识，学法、知法、懂法和用法，可以关注国家机关、社会组织等的新媒体公众号、视频号，逐步提高合法保护自我的水平。

方法三：参与社会互助团体的活动，拥有同类遭遇的人因为相似经历所以具有天然亲和力，成员间相互抚慰、接纳会更容易得到理解和支持。

方法四：通过参加文娱活动、社会活动和志愿服务等增进社会交往，走出心理困境，将负面情绪转化为有意义、有互动的正能量。

方法五：如果身体状况允许，还可以邀请朋友策划一次短途旅行，去看望老战友、老同学、老邻居，既可联络感情，也可畅谈生活。

（王治国）

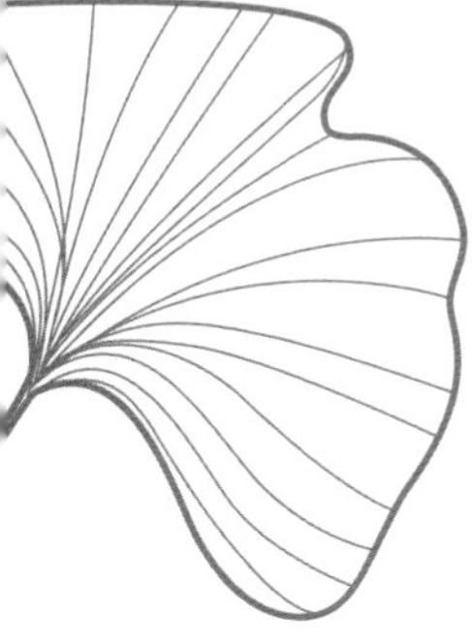

图书在版编目（CIP）数据

老年人日常安全小知识 / 北京老年医院组织编写；杨颖娜主编. --北京：人民卫生出版社，2023.8

（相约老年健康科普丛书）

ISBN 978-7-117-35177-5

Ⅰ. ①老… Ⅱ. ①北… ②杨… Ⅲ. ①老年人—安全—普及读物 Ⅳ. ①X956-49

中国国家版本馆CIP数据核字（2023）第174743号

人卫智网	www.ipmph.com	医学教育、学术、考试、健康，购书智慧智能综合服务平台
人卫官网	www.pmph.com	人卫官方资讯发布平台

相约老年健康科普丛书
老年人日常安全小知识
Xiangyue Laonian Jiankang Kepu Congshu
Laonianren Richang Anquan Xiaozhishi

组织编写：北京老年医院
主　　编：杨颖娜
出版发行：人民卫生出版社（中继线010-59780011）
地　　址：北京市朝阳区潘家园南里19号
邮　　编：100021
E - mail：pmph @ pmph.com
购书热线：010-59787592　010-59787584　010-65264830
印　　刷：北京盛通印刷股份有限公司
经　　销：新华书店
开　　本：787 × 1092　1/16　印张：9.5
字　　数：106千字
版　　次：2023年8月第1版
印　　次：2023年10月第1次印刷
标准书号：ISBN 978-7-117-35177-5
定　　价：49.00元
打击盗版举报电话：010-59787491　E-mail：WQ @ pmph.com
质量问题联系电话：010-59787234　E-mail：zhiliang @ pmph.com
数字融合服务电话：4001118166　E-mail：zengzhi @ pmph.com